읽자마자 우주의 구조가 보이는

우주물리학 사전

읽자마자 우주의 구조가 보이는

우주물리학 사전

우주와 천체의 수많은 비밀이 풀리는
우주물리학 이야기

다케다 히로키 지음
전종훈 옮김

보누스

들어가며

-------- 우주는 누구에게나 정말 매력적인 대상입니다. '우주에 끝은 있을까?', '우주가 존재하기 전에는 무엇이 있었을까?', '외계인은 있을까?'처럼 언젠가 한 번쯤은 이런저런 상상을 하며 두근거린 적이 있었을 겁니다. 그러나 여기에 '물리학'이라는 단어가 붙자마자 많은 사람이 흥미를 잃어버리고, 심지어 위축되기까지 합니다. 어렵고 딱딱한 공부로 여겨지기 때문일까요? 사실 물리학은 자연을 관찰하면서 생기는 '왜?'라는 의문을 풀기 위해 놀랄 정도로 철저하게 파고드는 활동입니다. 따라서 우주물리학이라는 학문 안에는 우주에 관한 수많은 의문을 풀어줄 답이 있습니다.

이 책의 목적은 여러분이 우주물리학에 기대하는 지식을 쉽게, 널리 알리는 것입니다. 어려운 내용도 최대한 쉬운 말과 그림으로 설명했습니다. 기본적으로 청소년 독자들도 이해할 수 있도록 책을 썼지만, 그렇다고 해서 일부러 간단한 내용만 넣지는 않았습니다. 만일 모르는 부분이 있더라도 낙담하지 마세요. 당장 이해되는 만큼만 읽고 난해한 설명은 넘어가도 문제없습니다.

애초에 우주에는 아직 밝혀지지 않은 것이 너무나 많습니다. 이 책을 읽고 풀리지 않는 의문이 있다면, 본인의 생각을 확장해서 가족이나 친구, 선생님 등 다른 사람들과 공유해서 즐겨주세요. 그리고 새로운 발견이나 더 알기 쉬운 설명을 찾아보시길 바랍니다.

저는 고등학생 시절에 만화책을 읽으려고 학교 도서관에 갔다가 우연히 눈에 들어온 수학 공식 사전을 집어 든 것을 계기로 물리학을 공부했습니다. 의미는 전혀 몰랐지만, 어려워 보이는 수식이 잔뜩 나열된 것을 보며 '뭔가 멋진데?'라고 생각해서 수학과 물리학에 흥미를 느낀 것이지요. 정신을 차리고 보니 지금은 우주물리학을 연구하는 학자가 되어 있습니다. 이처럼 아주 사소한 일이 뭔가를 배우는 커다란 계기가 되기 마련입니다. 이 책을 통해 여러분이 우주와 물리학에 흥미를 느끼게 된다면 무척 기쁠 것 같습니다.

다케다 히로키

차례

CHAPTER 2

우주물리학의 핵심, 중력

CHAPTER 3

차근차근 풀어가는 우주의 수수께끼들

CHAPTER 4

천체란 무엇일까?

CHAPTER

1

우주에 관해 알고 싶다면 이것부터 시작하자!

물리학이란 뭘까?
수학이나 과학에 나오는 수식이 그저
숫자와 알파벳의 나열로만 보일 수도 있습니다.
하지만 이런 수식들은 여러분이 세상을 살며 묻는
수많은 '왜?'를 풀어주는 열쇠입니다.

물리학으로 자연이 낸 우주께끼를 풀어내다

--------- 물리학은 자연에 관한 '왜?'를 풀어내는 학문입니다. '왜 손에서 사과를 놓으면 땅으로 떨어지는 거야?', '왜 하늘은 파랗지?', '우주는 어떻게 시작했을까?' 같은 다양한 의문들에 주변 사람이 보면 약간 거리를 두고 싶어질 정도로 파고 들어갑니다. 그리고 자연 뒤에 숨어 있는 규칙을 찾아서 이론으로 정리합니다. 이것이 바로 모든 물리학 연구의 목적입니다.

물리학은 연구 대상에 따라 역학, 전자기학, 양자역학, 열·통계역학 등의 분야로 나눌 수 있습니다. 지금부터 우리는 물리학 분야 중에서 우주를 대상으로 한 '우주물리학'에 관해 설명은 쉽게, 하지만 내용은 진지하게 소개하려 합니다.

우주물리학 안에서도 우주와 천체의 연구 대상에 따라 하위 분야가 세세하게 나뉩니다. 크게 보면 '중력', '우주론', '천체물리'라는 세 가지 영역이 있습니다. 이 모든 영역 역시 엄청나게 호기심이 강한 누군가가 개척하고 밝혀낸 것들이지요.

그럼, 이제부터 신비한 수수께끼로 가득한 우리 우주의 모습을 조금씩 살펴봅시다!

우주물리학의 연구 분야 지도

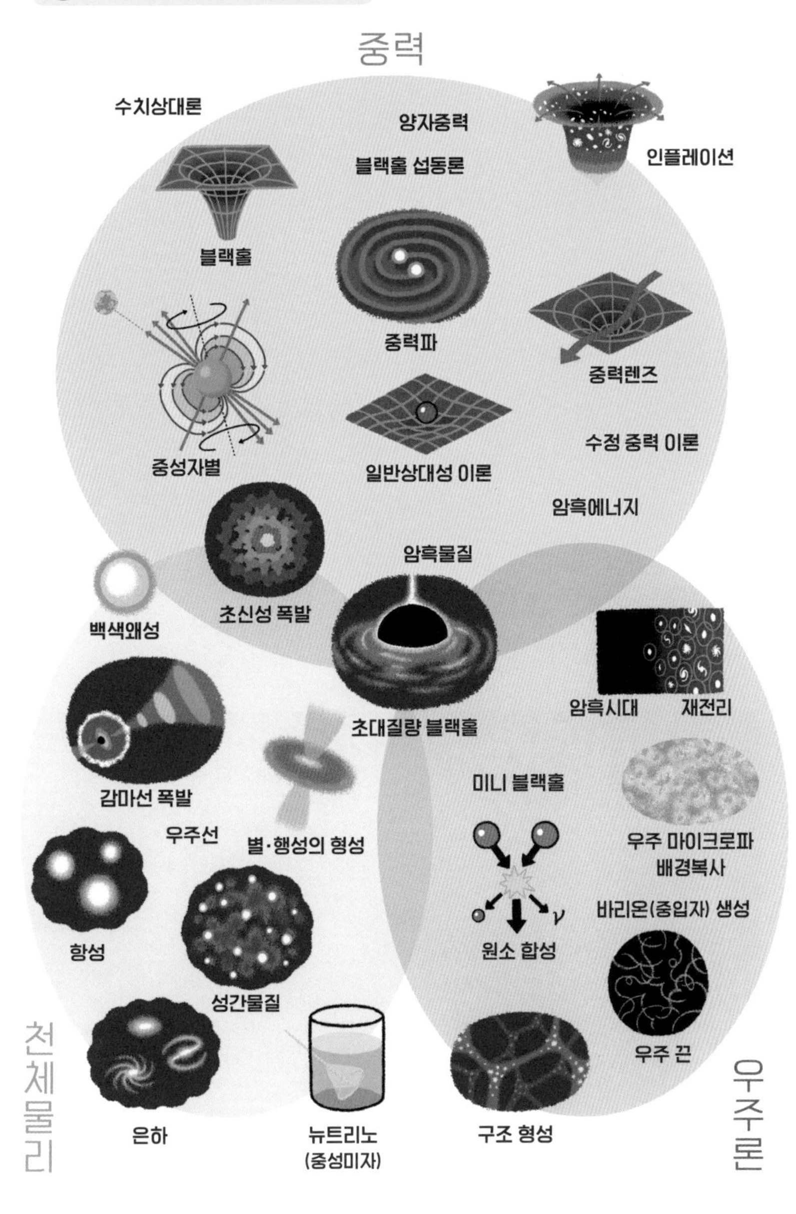

'우주'라는 단어의 진짜 의미는 무엇일까?

'우주'라는 말을 들으면 어떤 모습이 떠오르나요? 빛나는 별이 점점이 박힌 밤하늘인가요? 아니면 동영상이나 사진으로 보았던, 마치 사람이 빚은 것처럼 아름다운 은하인가요? SF에 나오는 우주선이나 우주비행사가 연상되기도 하네요. 이처럼 우주를 생각할 때 떠올리는 것은 사람마다 다양합니다.

우주(宇宙)에서 우(宇)는 '공간'을, 주(宙)는 '시간'을 나타냅니다. 즉 우주란 '시간과 공간'을 가리키는 단어인 것이죠. 그럼 "이 우주는 무엇으로부터 만들어졌을까?"라고 묻는다면 어떻게 답해야 할까요?

우주를 장난감 상자처럼 '상자'와 '내용물'로 이루어져 있다고 생각해 보겠습니다. 시간과 공간을 합쳐 흔히 '시공'이라고 부르는데, 이 시공이 바로 상자입니다. 시공 안에 있는 별이나 은하는 내용물입니다. 이들을 '천체'라고 부릅니다. 상자에 들어 있는 장난감이라고 할 수 있겠죠.

최신 물리학과 천문학을 배우면 우주의 상자인 시공과 내용물인 천체, 즉 우주 전체를 장난감처럼 가지고 놀 수 있습니다. 아직 밝혀지지 않은 우주의 미스터리에도 더욱 가까이 다가갈 수 있지요.

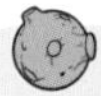 **관측할 수 있는 우주 지도**

현재까지 알려진 천체를 지구 기준으로 관측할 수 있도록 그린 우주 지도. 지구에서 각 천체까지의 거리는 로그 눈금으로 그려져 있고, 오른쪽으로 갈수록 지수함수적(기하급수적)으로 커진다. 로그 눈금이란 10의 지수, 즉 자릿수로 표시하는 눈금을 말한다.

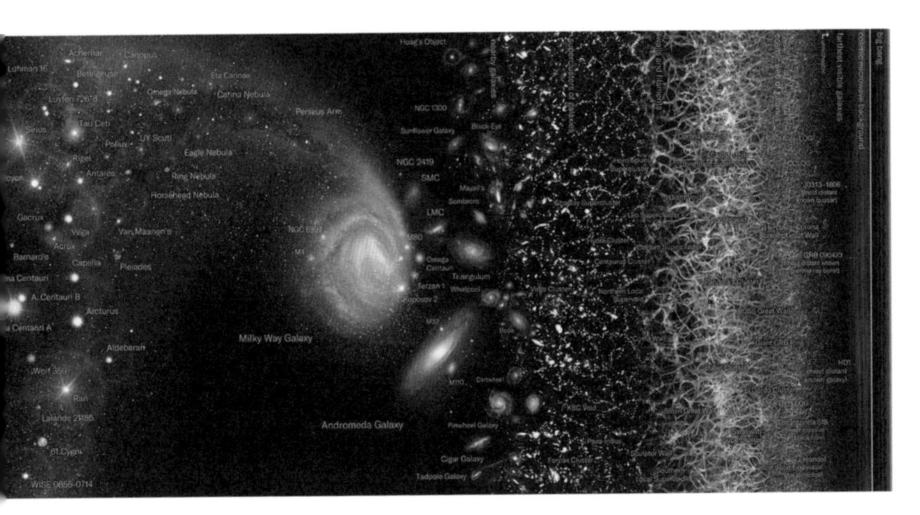

고대 종교와 신화에 기록된 우주의 모습

지금 물리학에서는 우주를 '시공에 천체가 있고, 그것들이 물리 법칙을 따라 진화한다'라고 봅니다. 그러면 망원경조차 없던 옛날 사람들은 우주가 도대체 어떻게 이루어져 있다고 생각했을까요?

고대 이집트에서는 남매이자 부부였던 하늘의 여신 누트와 대지의 신 게브 사이를 공기와 바람의 신인 슈가 갈라놓아서 하늘(우주)과 땅이 나뉘었다고 생각했습니다.

고대 인도의 불교적 세계관에서는 산과 바다로 둘러싸인 수미산이라는 큰 산이 있고, 그 바깥쪽에 있는 네 섬 중 한 곳에 인간이 살고 있다고 생각했습니다.

한편, 고대 인도의 힌두교 세계관에서는 대지를 떠받치는 코끼리, 산을 떠받치는 거북, 바다에 떠 있는 뱀 등이 우주를 구성한다고 생각했지요.

고대 중국에는 구 형태인 하늘(우주)의 반이 물로 채워져 있고, 그 위에 대지가 떠 있다는 혼천설이라는 개념이 있었습니다.

이처럼 자연을 과학적으로 파악하기 전에는 우주를 보는 방식이 종교와 강하게 연결되어 있었습니다. 이외에도 지역과 종교에 따라 다양한 우주관이 있는데, 우주가 어떻게 이루어져 있는지 이런저런 상상을 하는 것은 옛날이나 지금이나 마찬가지인 듯합니다.

고대의 우주관

고대의 우주관은 종교나 신화와 강하게 연결되어 있다. 그림들은 고대 이집트, 고대 인도, 고대 중국의 우주관을 보여준다.

고대 이집트

하늘의 신과 대지의 신 사이를 공기와 바람의 신이 갈라놓아서 하늘과 땅이 나뉘었다고 생각했다.

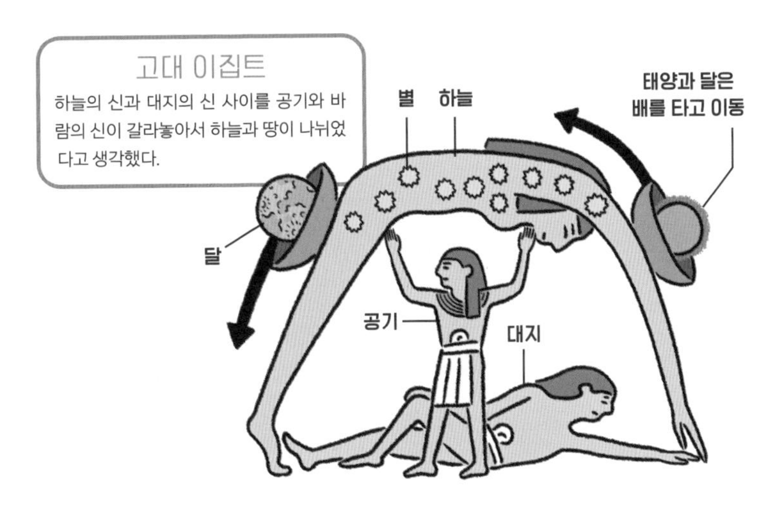

불교(인도)

산과 바다로 둘러싸인 거대한 수미산의 바깥쪽에 있는 네 섬 중 한 곳에 인간이 살고 있다고 생각했다.

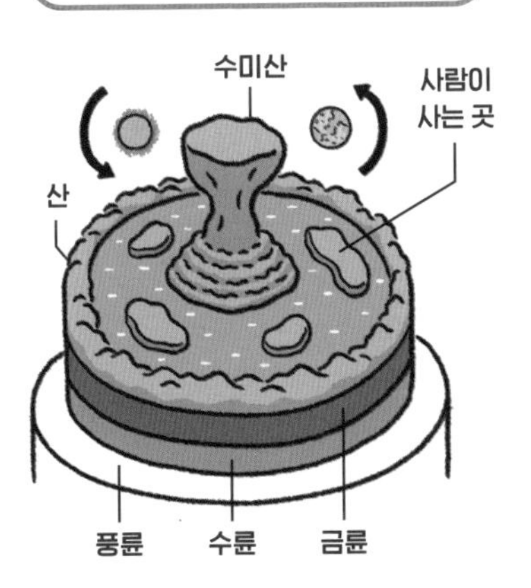

혼천설(중국)

구 모양인 하늘의 반이 바닷물로 채워져 있으며, 그 위에 평평한 대지가 떠 있다고 생각했다.

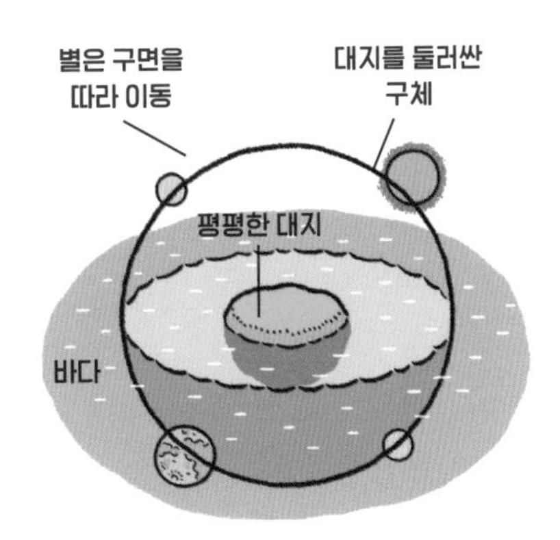

천 년 동안 우주의 중심은 지구였다

기독교의 영향력이 강했던 중세 유럽에서는 지구중심설(천동설)을 믿었습니다. 이 주장은 고대부터 이어져 온 사고방식인데, '지구는 정지해 있고 그 주위를 태양과 다른 별이 돈다'라는 것입니다.

2세기 무렵 그리스 과학자 프톨레마이오스는 19쪽 그림과 같이 태양과 달, 다섯 행성의 움직임을 도원이나 주전원 등의 원을 사용해서 설명했습니다. ①의 도원은 지구중심설에서 지구를 중심으로 하는 커다란 원이며, 주전원(③)은 ②처럼 천구 위의 행성이 도원 안쪽에서 역행하는 운동을 원운동으로 설명하려고 도입한 원입니다.

하지만 실제로는 행성의 회전 운동의 반지름이나 속도가 일정하지 않고 변화합니다. 이것을 설명하기 위해 도원은 중심이 지구에서 조금 떨어진 이심원이 되었으며, 주전원은 '동시심(equant)'이라는 점에서 봤을 때 일정한 속도로 움직인다고 생각하는 식으로 실제 행성의 운동을 설명했습니다.

프톨레마이오스의 지구중심설은 행성 운동을 매우 정확하게 설명했기 때문에 그 뒤로도 천 년 넘게 지지받았습니다. 고대부터 중세까지 당시 사람들에게 지구가 움직이지 않는다는 것은 너무나 당연한 생각이었지요.

지구중심설(천동설)

중세 유럽에서는 천 년 이상 '우주에서 지구는 멈춰 있고, 그 주위를 별이 돈다'라는 지구중심설을 믿었다.

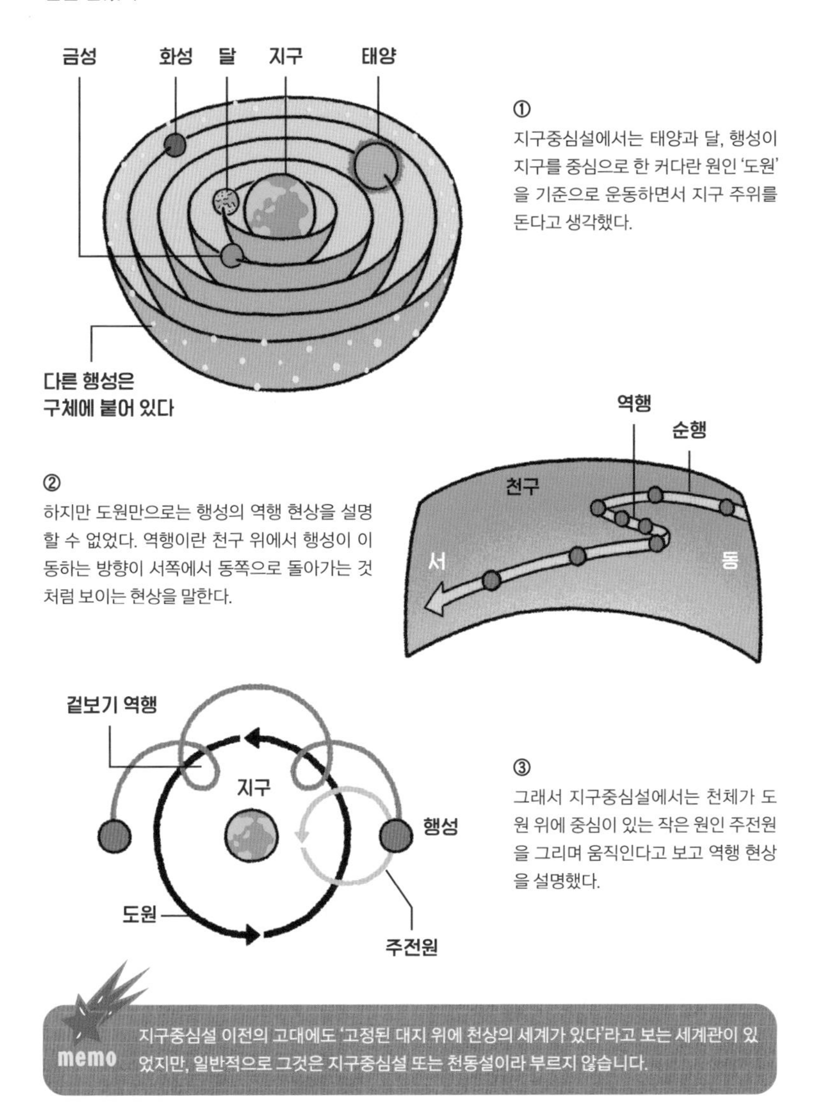

①
지구중심설에서는 태양과 달, 행성이 지구를 중심으로 한 커다란 원인 '도원'을 기준으로 운동하면서 지구 주위를 돈다고 생각했다.

②
하지만 도원만으로는 행성의 역행 현상을 설명할 수 없었다. 역행이란 천구 위에서 행성이 이동하는 방향이 서쪽에서 동쪽으로 돌아가는 것처럼 보이는 현상을 말한다.

③
그래서 지구중심설에서는 천체가 도원 위에 중심이 있는 작은 원인 주전원을 그리며 움직인다고 보고 역행 현상을 설명했다.

memo 지구중심설 이전의 고대에도 '고정된 대지 위에 천상의 세계가 있다'라고 보는 세계관이 있었지만, 일반적으로 그것은 지구중심설 또는 천동설이라 부르지 않습니다.

우주의 중심이 지구에서 태양으로

-------- 16세기에 살았던 폴란드 천문학자 코페르니쿠스는 '지구는 다른 행성과 함께 태양 주위를 공전한다'라는 태양중심설(지동설)을 제창했습니다. 지구중심설에서는 행성이 천구 위를 반대 방향으로 진행하는 역행 현상을 설명하기 위해 도원에 주전원 개념을 추가했습니다. 하지만 태양중심설은 이 현상을 행성의 공전 속도 차이로 자연스럽게 설명할 수 있습니다.

17세기에는 이탈리아 과학자 갈릴레이가 직접 제작한 망원경으로 목성 주위를 도는 네 개의 위성을 발견했습니다. 이 발견은 '모든 별은 우주의 중심인 지구 주위를 돈다'라는 천동설을 완전히 부정하는 것이었지요. 갈릴레이는 이 성과를 발표했지만, 성경의 가르침에 위반된다는 이유로 기독교 종교 재판에 부쳐져서 종신형을 선고받기도 했습니다.

같은 시기에 독일 천문학자 케플러는 행성 관측 데이터를 해석해서 '행성은 원운동이 아니라 태양을 초점으로 두는 타원 운동을 하고 있다'라는 제1법칙을 비롯한 세 가지 법칙을 발견했습니다.

이런 과정을 거쳐 종교와 신화를 근거로 한 지구 중심의 우주관은 천체 관측을 근거로 한 태양 중심의 우주관으로 변화해 갔습니다.

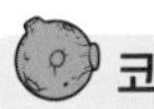

코페르니쿠스의 우주

태양을 중심으로 수성, 금성, 지구, 화성, 목성, 토성이 원 궤도 위를 돌고 있고, 이들을 감싸듯이 정지한 항성이 붙어 있는 구체가 있다고 생각했다.

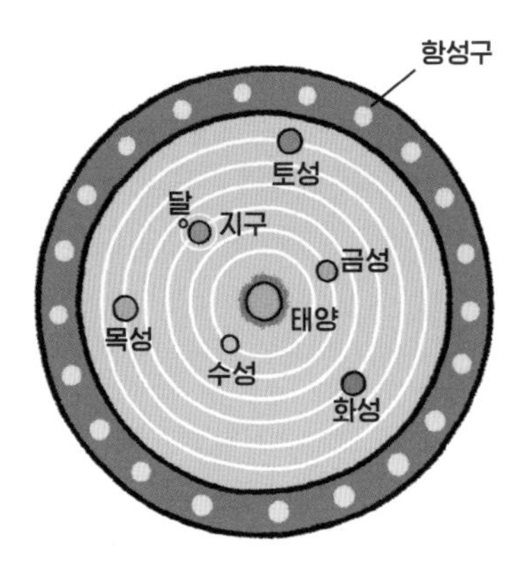

케플러 법칙

제1법칙

행성은 태양을 하나의 초점으로 하는 타원 궤도 위를 운동한다. 타원이란 두 초점에서의 거리를 더한 값이 일정한 점을 모은 궤적이다.

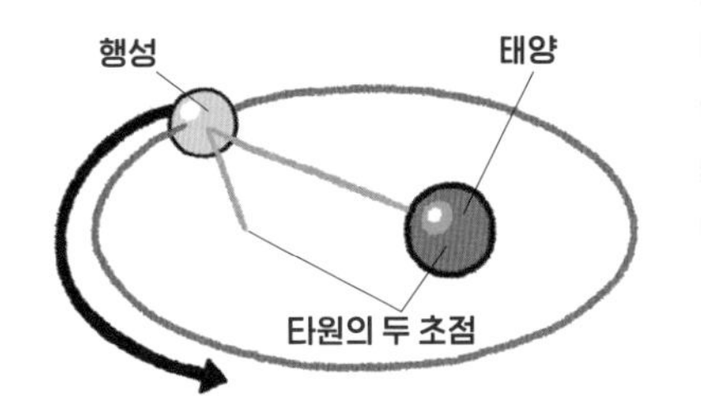

제2법칙

행성의 면적 속도(태양과 행성이 단위 시간에 그리는 면적)는 일정하다.

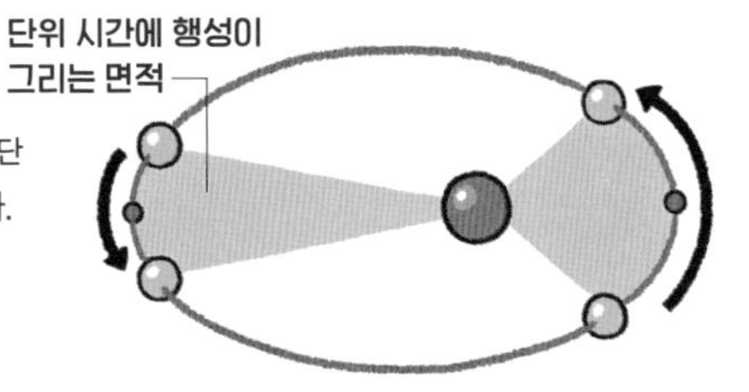

제3법칙

행성 공전 주기(태양 주위를 한 바퀴 도는 시간)의 제곱은 타원 궤도의 장반경(타원의 긴 쪽의 반지름)의 세제곱과 비례한다.

memo 갈릴레이가 종신형을 선고받고 오랜 시간이 지나 로마 교황은 갈릴레이 재판이 잘못이었음을 인정하고 사죄했습니다. 갈릴레이가 죽은 지 350년이나 지난 뒤인 1992년의 일이었지요.

--------- 말이나 글만으로는 우주의 여러 현상을 정확하게 설명할 수 없습니다. 그래서 등장한 것이 수학(수식)입니다. 먼저 물리학에 자주 등장하는 '방정식'이라는 개념을 간단히 설명하겠습니다.

방정식은 중학교 수학 시간에 처음 배우는데, '아직 알지 못하는 양을 포함하는 등식'을 가리킵니다. 수학에서는 아직 알지 못하는 양을 변수라고 하고 알파벳(x나 y 등)을 사용해서 나타냅니다. 변수는 어떤 숫자도 될 수 있는 수수께끼 상자와 같은 역할을 합니다.

등식이란 등호(=)로 연결된 식을 말합니다. 변수는 등식으로 연결되면 그전처럼 자유로운 값을 가질 수 없고, 그 등식의 규칙을 따르는 값을 가져야만 합니다. 즉 방정식은 미지의 양이 지켜야 할 법칙을 부여해서 정체를 밝혀내는 것이죠.

물리학에서는 위치, 속도, 가속도, 전자기장, 온도 같은 물리적인 양이 어떤 관계를 따르는지 나타내는 방정식을 찾아냅니다. 이 방정식을 사용해서 천체의 위치, 우주가 팽창하는 속도, 로켓의 가속도, 별의 온도 등의 물리량이 어떻게 변화할지를 계산합니다. 물리학이 자연 뒤에 숨어 있는 법칙을 수식으로 어떻게 표현하는지 그림으로 이해해 봅시다.

방정식이란?

방정식과 조건을 부여하면 변수의 값이 정해진다.

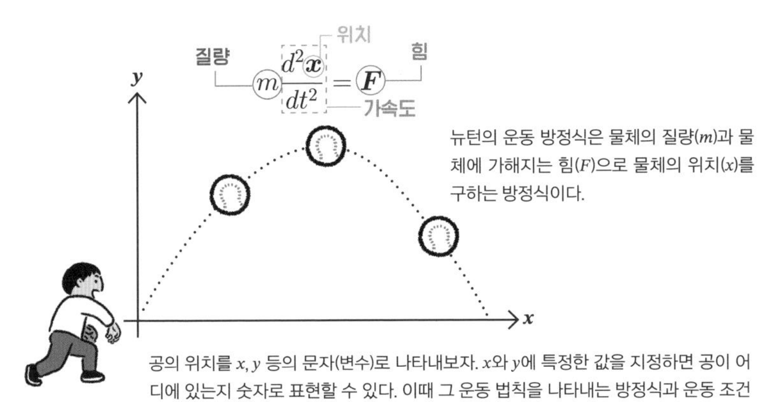

뉴턴의 운동 방정식은 물체의 질량(m)과 물체에 가해지는 힘(F)으로 물체의 위치(x)를 구하는 방정식이다.

공의 위치를 x, y 등의 문자(변수)로 나타내보자. x와 y에 특정한 값을 지정하면 공이 어디에 있는지 숫자로 표현할 수 있다. 이때 그 운동 법칙을 나타내는 방정식과 운동 조건(예를 들어 어떤 시각의 위치와 속도) 등을 정하면, x와 y가 어떤 시각에 어떤 값을 가지는지 정해진다. 이런 방정식을 미분 방정식이라고 한다.

생활에 숨어 있는 물리 법칙을 표현하는 방정식과 수식

아인슈타인 방정식

$$G_{\mu\nu} = \frac{8\pi G}{c^4}T_{\mu\nu}$$

만유인력의 법칙

$$F = G\frac{m_1 m_2}{r^2}$$

열역학 제1법칙

$$dQ = dU + dW$$

엔트로피

$$S = k_{\mathrm{B}} \ln W$$

맥스웰 방정식

$$\partial_\mu F^{\mu\nu} = \mu_0 j^\nu$$

슈뢰딩거 방정식

$$i\hbar\frac{d}{dt}|\psi(t)\rangle = \hat{H}|\psi(t)\rangle$$

$$m\frac{d^2\boldsymbol{x}}{dt^2} = \boldsymbol{F}$$

뉴턴의 운동 방정식

나비에 스토크스 방정식

$$\frac{\partial \boldsymbol{v}}{\partial t} + (\boldsymbol{v}\cdot\nabla)\boldsymbol{v} = -\frac{1}{\rho}\nabla p + \nu\nabla^2\boldsymbol{v} + \boldsymbol{F}$$

chapter 1 7 우주 연구자는 의외로 허술하다

--------- 우주의 규모는 상상조차 하기 힘들 정도로 거대하기 때문에 엄청나게 큰 숫자나 엄청나게 작은 숫자가 자주 등장합니다. 이런 숫자들을 표현하려고 0을 계속 붙이는 것도 힘든 일이겠지요. 그래서 자주 사용하는 방법이 10의 오른쪽 위에 작은 숫자를 쓰는 방법입니다. 이것을 지수 표기라고 부릅니다.

10의 오른쪽 위에 작게 a라 쓰면 10을 a번 곱한 숫자, 즉 숫자 뒤에 0이 연속으로 a개 늘어서 있다는 것을 표현할 수 있습니다. 그리고 10의 오른쪽 위에 작게 -a라고 쓰면 1을 10으로 a번 나눈 숫자, 즉 소수점 뒤에 0이 a개 연속으로 늘어선 것을 표현할 수 있습니다.

우주물리학이나 천문학에서는 "101인지 102인지는 둘째 치고, 일단 100 정도인지 1,000 정도인지만 알고 싶다."라는 말이 있습니다. 정확한 값보다는 물리량의 대략적인 크기를 신경 쓰는 것이죠.

이렇게 자릿수가 다른 것을 표현하는 것이 오더(order)라는 개념입니다. 오더는 알파벳 O를 사용해서 100의 오더는 O(100)이라는 식으로 씁니다. O(100)은 세 자리 숫자들, 즉 100에서 999 사이의 숫자를 의미합니다. 물론 숫자를 세세하게 따지기도 하지만, 처음부터 세세한 계산을 하기보다는 '20과 70 둘 다 두 자리니까 같다고 보자!'라는 생각으로 오더를 써서 일단 어느 정도 크기인지 예측합니다.

크고 작은 숫자를 표현하는 방법 —지수 표기와 접두어

지수	숫자	접두어
10^{24}	1 000 000 000 000 000 000 000 000	Y(요타)
10^{21}	1 000 000 000 000 000 000 000	Z(제타)
10^{18}	1 000 000 000 000 000 000	E(엑사)
10^{15}	1 000 000 000 000 000	P(페타)
10^{12}	1 000 000 000 000	T(테라)
10^{9}	1 000 000 000	G(기가)
10^{6}	1 000 000	M(메가)
10^{3}	1000	k(킬로)
10^{-3}	0.001	m(밀리)
10^{-6}	0.000 001	μ(마이크로)
10^{-9}	0.000 000 001	n(나노)
10^{-12}	0.000 000 000 001	p(피코)
10^{-15}	0.000 000 000 000 001	f(펨토)
10^{-18}	0.000 000 000 000 000 001	a(아토)
10^{-21}	0.000 000 000 000 000 000 001	z(젭토)
10^{-24}	0.000 000 000 000 000 000 000 001	y(욕토)

길이 1m를 기준으로, 각 지수 표기에 해당하는 우주의 다양한 길이를 보여준다.

우주에서 자주 쓰는 엄청나게 큰 단위

단위는 어떤 양을 나타낼 때 사용하는 기준입니다. 예를 들어 10m는 1m라는 기준이 있어서 그 10배의 길이(양)임을 나타냅니다. 단위는 그 상황과 맥락에 맞는 것을 골라 사용합니다. 키를 물어봤을 때 184cm를 0.00184km라고 답하는 사람이 없는 것과 같습니다.

일상생활의 단위를 우주에서도 쓰기에는 단위가 표현하는 양이 지나치게 작으므로 우주를 연구할 때는 훨씬 큰 단위가 필요합니다. 자주 사용하는 단위를 몇 가지 소개하겠습니다.

먼저 길이의 단위로는 pc(파섹)을 자주 사용합니다. 지구는 태양 주위를 공전하므로 이 1년 동안 천구에서 별의 위치가 변화합니다. 이때 위치 변화를 나타내는 각도를 연주시차라고 합니다. 1pc은 연주시차가 1/3,600도일 때의 거리로 정했습니다. 1pc의 100만 배는 1Mpc(메가파섹)이라는 단위로 표현합니다.

시간은 년(yr)을 그대로 사용하는데, 10억 년을 1Gyr(기가이어)라고 씁니다. 질량 단위로는 태양의 질량을 자주 사용합니다. 즉 별이나 은하와 같은 천체의 질량은 '태양질량의 몇 배'와 같이 표현합니다.

연주시차

지구가 태양 주위를 공전하므로 천구에서 천체 위치가 변화한다. 이때의 변화를 표현하는 각도를 연주시차라고 한다.

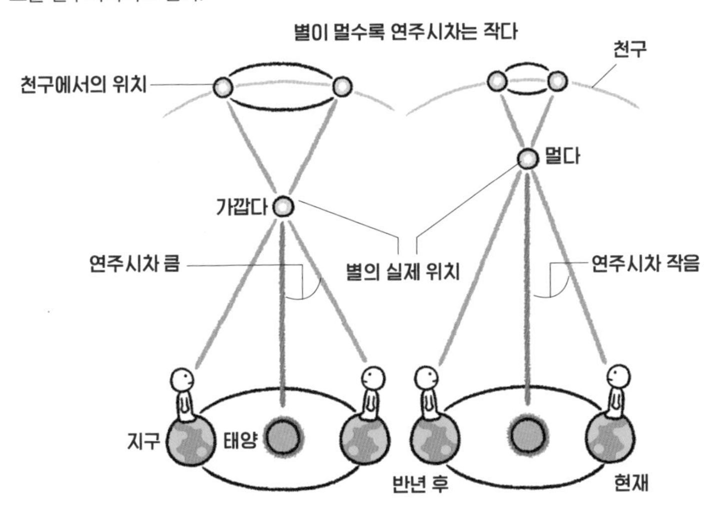

태양으로 질량을 표현하는 법

$$M = 3M_{\odot}$$

태양의 질량은 태양질량이라는 단위로 사용하며, 어떤 천체의 질량이 태양질량의 몇 배인지 나타낸다. 그림의 예를 들면 천체 질량 M은 태양질량 $M_{\odot}$의 세 배이므로 M=3$M_{\odot}$으로 표현한다.

memo 질량이란 물체를 구성하는 물질량으로 변하지 않는 양입니다. 관성의 크기(물체를 이동시키기 얼마나 어려운지)를 나타냅니다.

사람이 볼 수 없는 빛의 정체

--------- 망원경은 멀리 있는 것을 가까이 있는 것처럼 보여주는 장치입니다. 그중에서도 광학 망원경은 우주공간으로부터 지구로 오는 빛을 렌즈나 거울로 모으는 일을 합니다.

빛의 정체는 전자기파라고 하는 파동입니다. 파동은 진폭, 진동수(주파수), 파장이라는 세 가지 특징이 있습니다. 진폭은 파동의 높이, 진동수는 파동이 진동하는 횟수, 파장은 파동과 파동 사이의 거리를 나타냅니다. 이 중 진동수가 커질수록 파장은 짧아집니다.

인간은 파장이 380nm(나노미터)부터 760nm까지인 전자기파를 눈으로 볼 수 있습니다. 이 파장대의 빛을 가시광선이라고 하며, 진폭이 클수록 밝게 보입니다. 진동수와 파장이 변하면 빛의 색이 그에 따라 변화합니다.

맨눈으로 볼 수 없는 빛도 파장에 따라 전파, 마이크로파, 적외선, 자외선 등으로 나뉩니다. 망원경마다 잘 볼 수 있는 파장이 있어서 눈으로 보이는 빛인 가시광선을 볼 수 있는 망원경도 있고, 눈에 보이지 않는 전자파를 전기 신호로 변환해서 보여주는 망원경도 있습니다. 이처럼 망원경은 각각 전파 망원경, X선 망원경, 자외선 망원경 등 잘 볼 수 있는 파장대에 따라 이름이 붙어 있습니다.

여러 가지 전자기파

전자기파는 빛의 속도로 진행하므로 진동수와 파장이 일대일로 대응한다. 빛에는 진동수(주파수)마다 다른 이름이 붙어 있다. 빛은 광자라고 부르는 입자의 흐름이고, 광자의 에너지는 주파수에 따라 정해진다. 전자 1개가 지닌 전하량의 절댓값은 기본전하량(e)이라 하며, 1eV는 진공 상태에서 전자를 1V의 전위차로 가속했을 때 전자가 갖는 에너지를 의미한다.

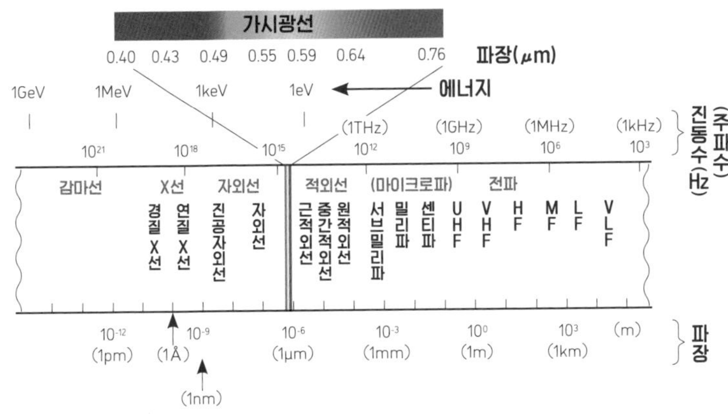

파동의 특성

파동은 삼각함수(sin이나 cos)를 사용해서 표현한다. 파동의 높이를 나타내는 진폭, 파동이 진동하는 횟수인 진동수(주파수), 파동의 길이를 나타내는 파장, 파동이 진행하는 속도 등으로 파동의 특징을 표현한다. 전자기파(빛)는 전기장과 자기장이라고 하는 물리량이 진동한다.

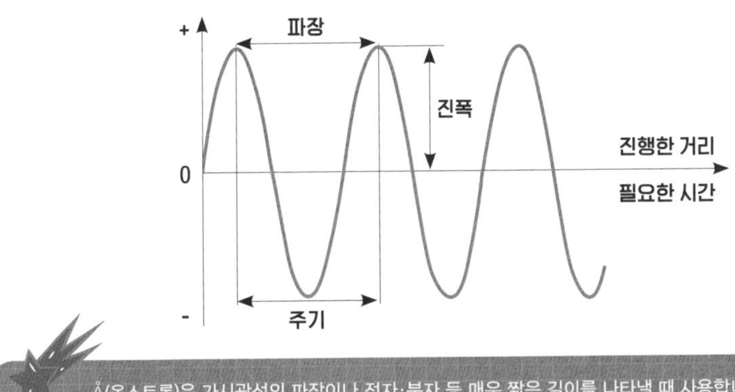

memo Å(옹스트롬)은 가시광선의 파장이나 전자·분자 등 매우 짧은 길이를 나타낼 때 사용합니다. 1Å=0.1nm=100pm(피코미터)가 됩니다.

별의 밝기를 나타내는 두 가지 방법

--------- 천문학에서는 천체의 밝기를 '등급'이라는 단위로 나타냅니다. 고대 그리스 천문학자 히파르코스가 1,000개 정도의 별을 여섯 등급의 밝기로 분류한 것이 그 시작입니다. 가장 밝은 별을 1등성, 맨눈으로 아슬아슬하게 겨우 보이는 별을 6등성으로 나눈 것이 현재 등급의 기원입니다.

등급의 기준은 일반적으로 0등급 별인데, 0등급 별과 비교해서 1등급 별은 밝기가 약 2.5배 어두워지는 식으로 등급이 정해집니다. 1등급 별과 6등급 별의 밝기는 약 100배 차이가 납니다. 0등급의 기준이 되는 별은 시대에 따라 변합니다. 밝기의 등급에는 절대 등급과 겉보기 등급 두 종류가 있습니다.

별의 밝기는 지구에서 별까지의 거리에 따라 달라집니다. 같은 밝기라도 멀리 있는 별은 어둡게 보이고, 가까이 있는 별은 밝게 보입니다. 이렇게 지구에서 본 그대로의 밝기로 등급을 매긴 것을 겉보기 등급이라고 합니다.

절대 등급은 모든 천체를 10pc 거리에서 봤을 때의 등급을 뜻합니다. 즉 모든 별을 지구에서 10pc인 지점에 두고 밝기에 따라 등급을 매기는 것입니다. 절대 등급은 모든 천체까지의 거리가 같으므로 공평하게 밝기를 비교할 수 있습니다.

별의 밝기와 등급

별의 밝기를 나타내는 등급은 1등급 변화할 때마다 별의 밝기가 약 2.5배 밝아지는 것으로 정의한다.

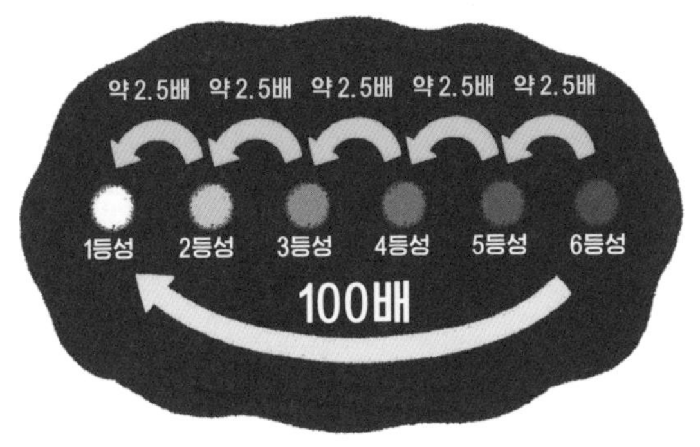

절대 등급과 겉보기 등급

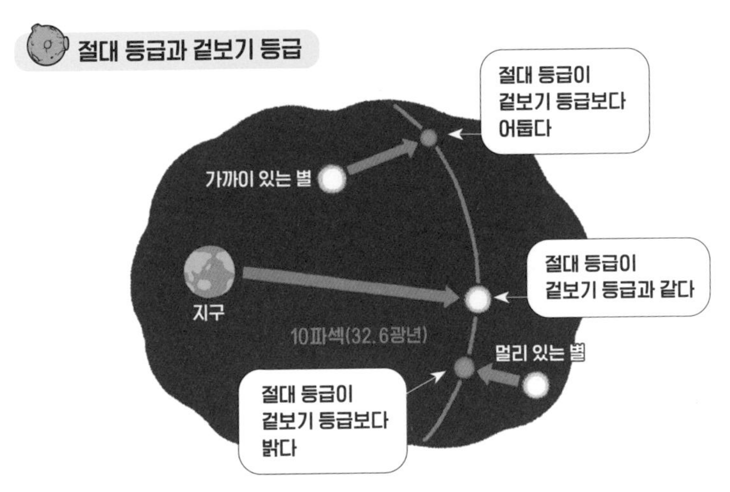

등급에는 절대 등급과 겉보기 등급이 있다. 등급의 종류가 둘로 나뉘는 이유는 별의 밝기가 거리에 따라 다르기 때문이다. 지구에서 본 그대로의 밝기를 바탕으로 한 등급을 겉보기등급이라 하고, 모든 별이 10pc 위치에 있을 때의 겉보기 등급을 절대 등급이라고 한다.

memo 어떤 별을 0등급의 기준이 되는 별로 선정할지도 시대와 함께 달라집니다. 현재는 거문고자리 *α* 별인 베가를 기준으로 한 베가 등급이나 AB 등급을 사용하고 있습니다.

우주에서는 거리를 어떻게 잴까?

--------- 일상생활에서 물체의 길이를 알고 싶을 때는 막대자나 줄자를 사용합니다. 하지만 천체까지의 거리나 우주의 크기를 자로 측정할 수는 없겠지요. 우주에 있는 천체까지의 거리를 측정하는 방법은 크게 세 가지가 있습니다.

첫 번째는 연주시차를 이용하는 방법입니다. 사람의 눈이 두 개이기 때문에 원근과 깊이를 느낄 수 있듯이, 두 지점에서 볼 수 있다면 거리를 알 수 있습니다. 연주시차는 지구의 공전 운동에 의해 위치가 변화하면서 생기는데, 이 연주시차를 측정하면 천체까지의 거리를 알 수 있습니다.

나머지 두 방법은 표준광원과 각지름을 이용하는 방법입니다. 표준광원이란 실제 밝기를 이미 알고 있는 천체입니다. 각지름은 천체의 겉보기 크기입니다. 같은 밝기의 별이라도 가까이 있는 쪽이 밝게 보이는 것처럼, 같은 크기라도 가까우면 더 커 보이겠지요. 이처럼 거리가 달라지면 겉보기 크기가 달라집니다.

따라서 천체의 진짜 밝기나 크기를 알고 있다면, 측정한 겉보기 밝기와 겉보기 크기를 실제 밝기나 크기와 비교해서 관측한 천체까지의 거리를 알 수 있습니다.

표준광원으로 거리를 측정하는 원리

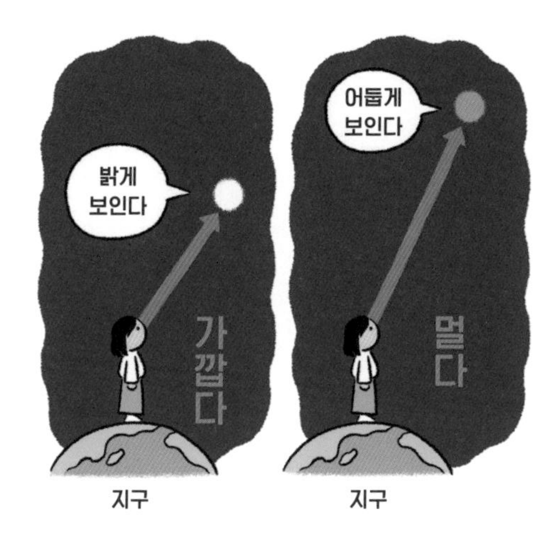

같은 별이라도 가까이 있으면 밝게 보이고, 멀리 있으면 어둡게 보인다. 즉 별의 실제 밝기(절대 등급)를 알고 있다면, 겉보기 밝기와 비교해서 거리를 알 수 있다.

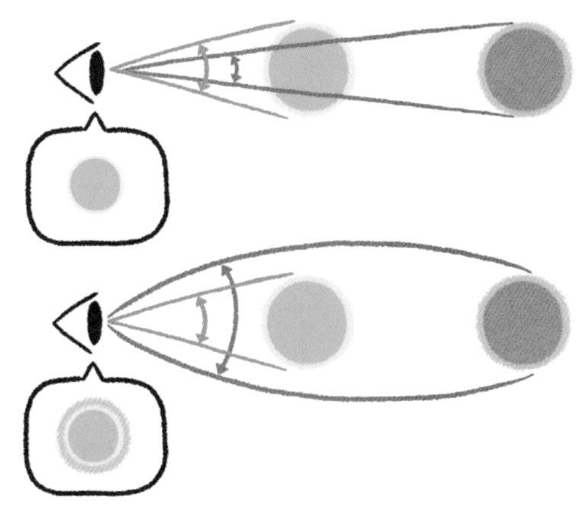

같은 별이라도 가까이 있으면 크게 보이고, 멀리 있으면 작게 보인다. 즉 별의 실제 크기를 알고 있다면, 겉보기 크기와 비교해서 거리를 알 수 있다.

하지만 우주 팽창의 영향으로 경우에 따라 멀리 있는 별이 크게 보이는 일도 일어난다. 그래서 크기로 측정한 거리(각지름 거리)는 신기하게도 멀리 있는 쪽이 작아지기도 한다.(36쪽 참고)

chapter 1 12 우리가 보는 우주는 먼 과거의 우주다

--------- 인간은 물체로부터 나와서 눈에 도달하는 빛을 망막에 상으로 모아 물체를 봅니다. 빛의 속도는 1초에 지구를 약 일곱 바퀴 반을 돌 수 있을 정도로 빠릅니다. 그래서 지구에서는 물체로부터 나온 빛이 우리 눈에 들어오기까지 걸리는 시간이 엄청나게 짧은 순간입니다.

빛이 아무리 빠르다고는 하지만 어디서나 한순간에 도달하는 것은 아닙니다. 우주의 먼 곳에서 찾아오는 빛은 우리 눈에 들어오는 순간까지 시차가 생깁니다. 즉, 우리가 우주를 볼 때 보이는 빛은 지금보다 훨씬 전에 발사된 빛입니다.

우주는 지금 이 순간에도 계속 팽창하고 있으며, 관측 지점에서 멀리 있는 것일수록 더 빨리 멀어져 갑니다.(124쪽 참고) 즉 천체의 빛이 우주공간을 거쳐 지구에 도달하는 그 사이에도 우주는 팽창하고 있지요. 그러면 멀어져 가는 곳에서 나오는 빛은 그만큼 죽 늘어나면서 파장이 길어집니다. 이런 현상을 적색편이라 부르며, 파장이 길어지는 정도를 z로 나타냅니다.

빛의 파장이 얼마나 길어졌는지 알면 적색편이를 구할 수 있습니다. 적색편이 값이 클수록 그 천체가 멀리 있고 우주의 시작에 가깝다는 뜻입니다. 먼 우주를 보면 우주의 옛 모습을 알 수 있지요.

천체에서 오는 빛의 시차

빛의 속도는 무한이 아니기 때문에 천체에서 나온 빛을 지구의 인간이 보기까지 시차가 발생한다. 지금 우리가 보는 모든 천체는 지금보다 과거의 모습이다.

적색편이

우주는 팽창한다. 따라서 빛은 우주공간을 진행하는 사이에 늘어진다. 이렇게 빛의 파장이 길어지면 빛의 주파수도 변한다. 멀리서 오는 빛일수록 더 길어지므로 이 변화를 측정해서 천체가 얼마나 먼 옛날에 온 것인지 알 수 있다.

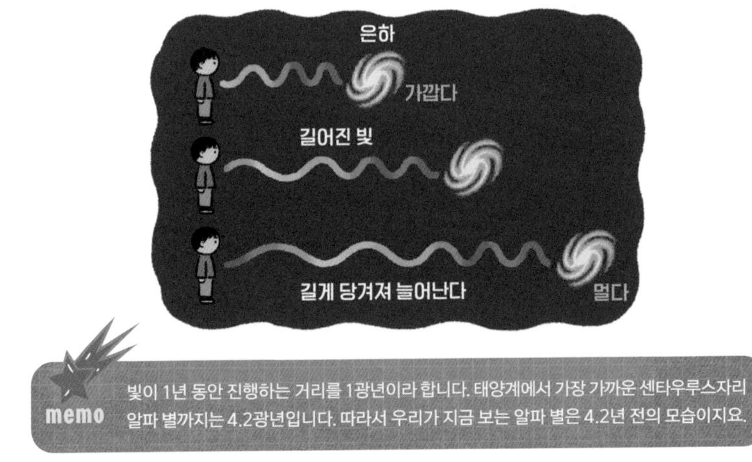

memo 빛이 1년 동안 진행하는 거리를 1광년이라 합니다. 태양계에서 가장 가까운 센타우루스자리 알파 별까지는 4.2광년입니다. 따라서 우리가 지금 보는 알파 별은 4.2년 전의 모습이지요.

우주의 거리를 측정하는 방법은 여러 가지!

--------- 우주의 거리를 측정하는 방법은 여러 가지인데, 놀랍게도 우주에서는 측정 방법에 따라 거리가 달라져버리는 일이 일어납니다. 이 역시 우주가 팽창하고 있기 때문입니다. 그래서 여러 종류의 거리가 존재하지요.

먼저 광로 거리는 빛이 출발해서 도착할 때까지 진행한 거리를 말합니다. 주로 천체가 몇 년 전의 것인지 알고 싶을 때 사용합니다.

두 지점 사이의 실제 거리는 고유 거리라고 하며, 우주가 팽창하기 때문에 점차 값이 커집니다. 그래서 우주가 팽창하고 있어도 일정한 값을 유지하도록 정한 거리도 있습니다. 이를 공변 거리라고 합니다. 지금 이 순간에는 고유 거리와 공변 거리가 같습니다.

실제 천체까지의 거리를 측정할 때 사용하는 것은 빛의 밝기 변화를 측정하는 광도 거리와 크기 변화를 측정하는 각지름 거리입니다. 우주 팽창 효과는 천체 간의 거리를 멀어지게 하기 때문에 팽창할수록 밝기는 어두워지지만, 크기는 커지는 방향으로 작용합니다. 그래서 먼 우주에서는 멀리 있는 쪽의 천체가 오히려 크게 보이는 신기한 현상이 일어나며, 멀리 갈수록 각지름 거리는 짧아집니다.

우주 팽창과 거리

우주는 팽창하고 있으므로 언제 어떤 길이를 거리로 하는가에 따라 측정한 거리가 달라진다. 특정 시각의 실제 거리인 고유 거리는 우주가 팽창하면서 변화한다. 고유 거리가 35억 광년일 때 천체에서 출발한 빛은 우주 팽창 때문에 35억 광년으로는 지구에 도달하지 못하고 무려 130억 광년이 걸린다. 이것을 광로 거리라고 한다. 하지만 이때는 천체도 멀어지고 있으므로 고유 거리는 290억 광년이 된다. 이 거리를 공변 거리라고 한다.

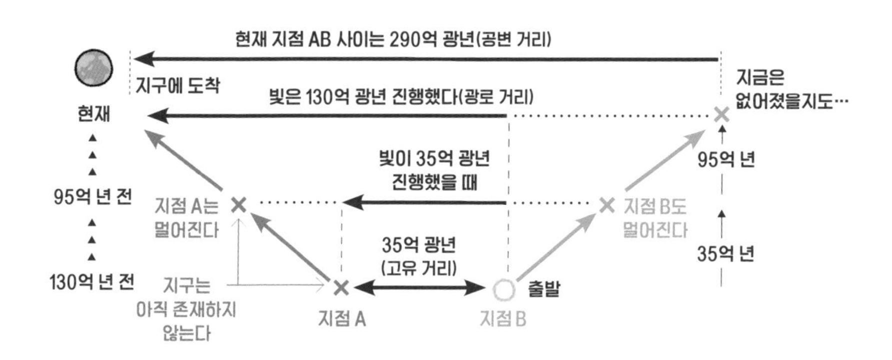

적색편이와 거리

적색편이와 여러 가지 거리의 관계를 나타내는 그림이다. 우주 팽창의 영향으로 지구와 가까운 곳의 거리들은 거의 같지만, 먼 곳에서는 완전히 달라져버리는 것을 그래프로 알 수 있다.

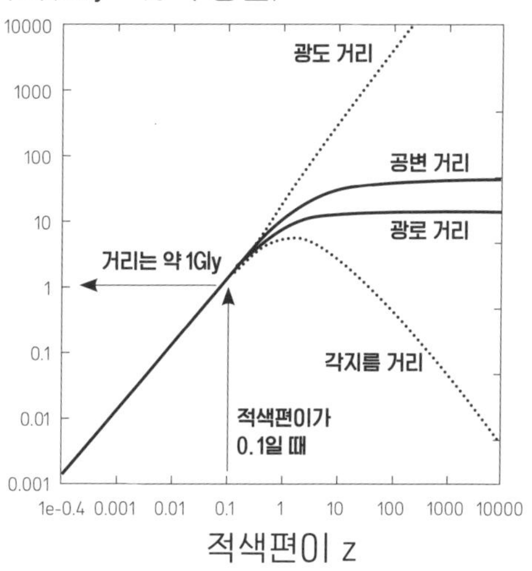

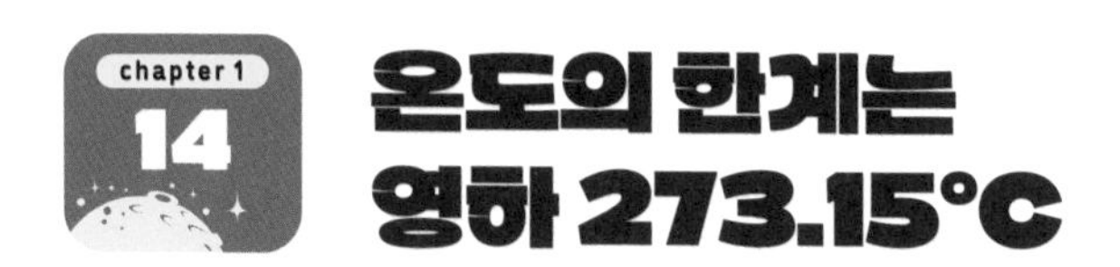

온도의 한계는 영하 273.15°C

"오늘 수원의 최저 기온은 2℃입니다."처럼 누구나 일상적으로 온도를 사용합니다. 우주물리학에서도 별의 표면 온도와 천체 내부의 온도 등 여러 상황에서 온도가 등장합니다.

온도 단위로 흔히 사용하는 ℃는 섭씨온도(셀시우스 온도)라고 부르는 온도 단위입니다. 일반적으로 물이 얼음이 되는 온도를 0℃, 물이 끓는 온도를 100℃로 정하고 있습니다.

하지만 물리학에서는 기본적으로 절대온도(열역학적 온도)를 사용합니다. 물질을 구성하는 원자나 분자는 불규칙한 운동을 하고 있는데, 이것을 열운동이라 합니다. 열운동이 격렬할수록 온도는 높아지므로 온도는 '불규칙한 운동의 평균 에너지'라고 할 수 있습니다.

절대온도의 단위로는 K(켈빈)을 사용합니다. 원자·분자의 열운동이 최소가 되는 온도를 절대영도라고 부릅니다. 절대온도의 원점(0K)은 최저 에너지를 기준으로 합니다. 즉 절대온도에서 가장 낮은 온도가 0K이므로 절대온도는 0보다 낮아질 수 없습니다. 0K을 섭씨온도로 바꾸면 -273.15℃가 됩니다. 즉 이론적으로 온도는 절대 -273.15℃보다 낮아질 수 없습니다.

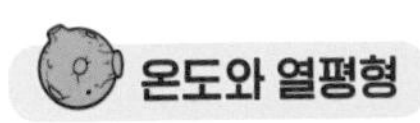

온도와 열평형

서로 다른 온도의 물체를 붙여놓고 일정 시간 두면 두 물체는 같은 온도가 된다. 이 상태를 열평형이라 한다. 온도는 열평형을 특징짓는 양이다.

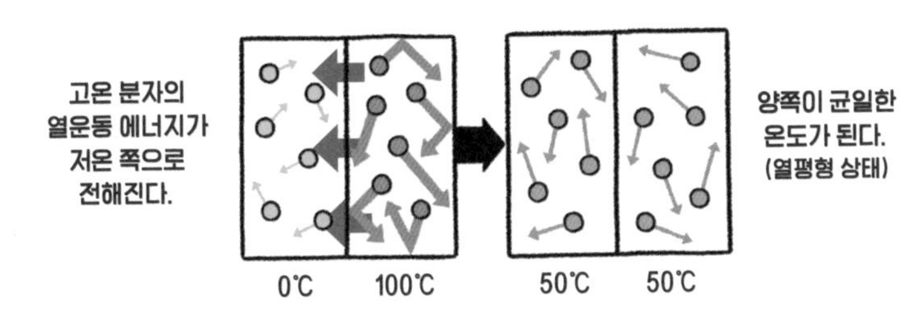

섭씨온도와 절대온도

일상에서 흔히 사용하는 섭씨(셀시우스 온도)는 물의 상태를 기준으로 정해졌다. 절대온도에서는 열운동으로 인한 에너지가 가장 낮은 상태를 기준(0K)으로 정한다. 이때의 온도를 절대영도라고 한다.

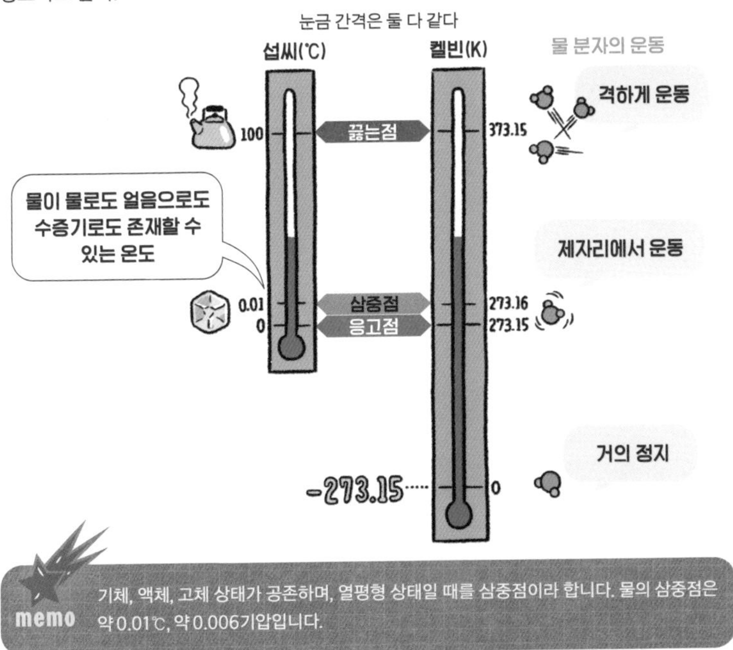

memo 기체, 액체, 고체 상태가 공존하며, 열평형 상태일 때를 삼중점이라 합니다. 물의 삼중점은 약 0.01℃, 약 0.006기압입니다.

물질을 구성하는 가장 작은 입자

--------- 물질을 구성하는 최소 단위를 소립자라고 합니다. 소립자란 더 이상 잘게 쪼갤 수 없는 가장 작은 입자입니다. 예를 들어 물은 물 분자로 이루어져 있는데, 물 분자는 수소와 산소 원자로 되어 있고, 원자는 원자핵과 전자로 구성되어 있습니다. 원자핵은 다시 양성자와 중성자로 나눌 수 있고, 양성자와 중성자는 쿼크로 쪼갤 수 있습니다. 쿼크와 전자는 더 이상 쪼갤 수 없는 소립자입니다.

소립자는 물질을 만드는 물질 입자와 힘을 전달하는 게이지 보손(입자), 질량을 부여하는 스칼라 보손(힉스 보손)으로 나뉩니다. 이 중 물질 입자는 색전하라는 성질을 가지고 강하게 상호작용하는 쿼크와 색전하를 갖지 않는 렙톤(lepton)으로 나뉩니다. 쿼크와 렙톤은 현재까지 각각 여섯 종류씩 발견되었습니다. 쿼크와 렙톤은 전하에 따라 각각 두 가지로 나뉘며, 질량에 따라서도 세 가지 세대로 나뉩니다.

입자 중에는 질량은 전혀 갖지 않지만, 전하가 반전된 반입자라는 입자도 있습니다. 양성자와 중성자처럼 쿼크 세 개로 만들어진 입자를 바리온(중입자)이라 하며, 쿼크와 반쿼크 두 개로 만들어진 입자를 메손(meson) 또는 중간자라고 합니다.

소립자 표준 모형

글루온으로 연결된 하드론 입자

쿼크와 글루온으로 이루어져 있고 강한 상호작용을 하는 입자를 하드론(강입자)이라 한다. 하드론은 세 개의 쿼크로 이루어진 바리온과 쿼크와 반쿼크로 이루어진 메손으로 나뉜다.

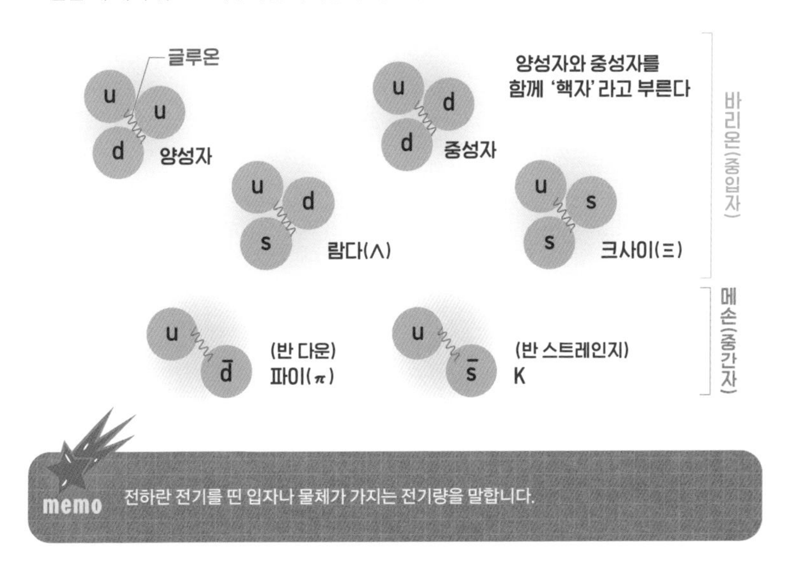

memo 전하란 전기를 띤 입자나 물체가 가지는 전기량을 말합니다.

우주를 움직이는 네 가지 힘

--------- 물리학에서 '힘'은 두 개 이상의 물질 사이에서 작용해 서로 영향을 주는 것을 말합니다. 이를 상호작용이라고도 부릅니다.

우주에는 힘이 네 가지 있는데, 전자기력, 강한 힘, 약한 힘, 중력입니다. 이 네 가지 힘을 '기본상호작용'이라 합니다. 각각 게이지 보손이라 부르는 소립자를 매개로 물질 입자 사이에서 작용합니다.

전자기력은 광자(빛 입자)를 매개로 해서 전하를 띠는 입자 사이에 작용하는 힘입니다. 일상생활에서 중력 외에 느끼는 힘은 전부 전자기력입니다.

강한 힘은 '글루온'이라 부르는 게이지 보손을 매개로 해서 쿼크 사이에 작용하는 힘입니다. 원자핵 안에서 전자기력의 100배 세기를 가지며, 양성자와 중성자를 묶어줍니다.

약한 힘은 전자기력과 비교해서 매우 약한 힘입니다. '위크 보손'이라 부르는 게이지 보손을 매개로 해서 쿼크와 렙톤의 종류를 바꾸는 힘입니다. 중성자가 양성자로 변화하는 베타 붕괴라는 현상을 일으킵니다.

중력은 중력자라는 게이지 보손을 매개로 해서 입자 사이에 중력을 작용하게 합니다. 중력은 다른 세 가지 힘과 비교하면 자릿수가 다를 정도로 훨씬 약합니다.

기본상호작용 4가지

전자기력

광자에 의해 전기나 자기를 띠는 물체끼리 상대를 당기거나 밀어내는 힘. 일상에서 중력 외의 힘은 대체로 전자기력이다.

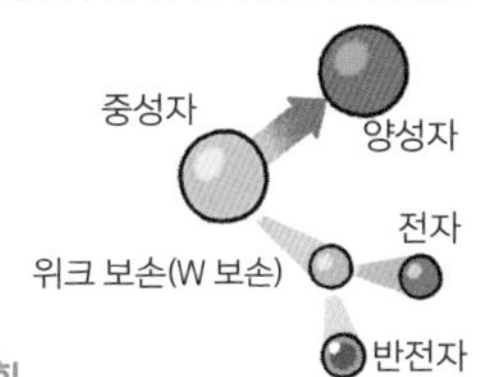

약한 힘

위크 보손으로 쿼크나 렙톤의 종류를 바꾸는 힘. 중성자가 양성자로 변화하는 베타 붕괴는 이 힘으로 인해 일어난다.

강한 힘

글루온으로 쿼크 사이에 작용하는 힘. 원자핵 안의 양성자와 중성자가 묶여 있을 수 있는 것은 이 힘 덕분이다.

중력

질량을 가지는 물체끼리 상대를 당기거나 밀어내는 힘.

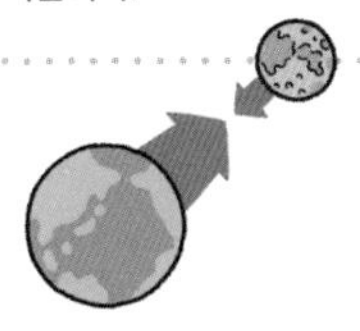

파인먼 도형

파인먼 도형은 소립자 등의 입자가 반응하는 과정을 표현한 그림이다. 아래 그림은 네 가지 기본상호작용에 관한 대표적인 파인먼 도형이다. 선은 소립자 이동을 나타낸다. 선이 교차하는 점은 꼭짓점이라 하며, 상호작용을 뜻한다. 선에는 꼭짓점 하나에서 나오기만 하는 외선과 나온 뒤 다른 꼭짓점으로 들어가는 내선이 있다.

전자기력

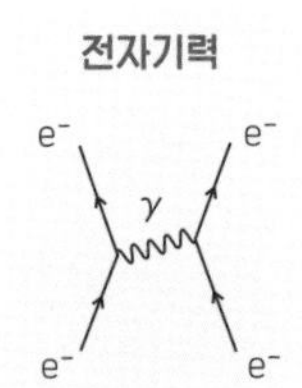

전자(e^-)가 광자(γ)를 주고받아서 산란하는 모습

약한 힘

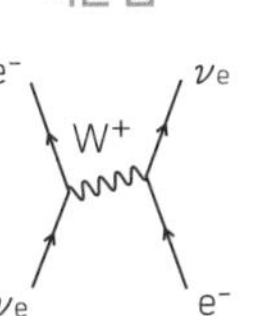

전자 뉴트리노(ν_e)와 전자가 위크 보손(W^+)을 주고받아서 변화하는 모습

강한 힘

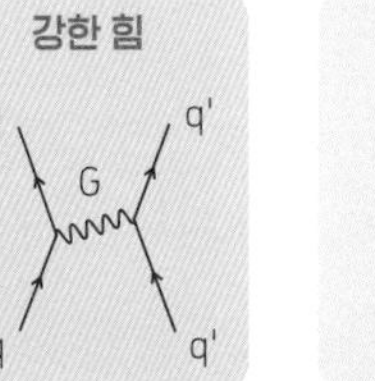

쿼크(q, q')가 글루온(G)을 주고받아서 산란하는 모습

중력

g

물질이 중력자(g)를 주고받아서 산란하는 모습

memo 중력은 질량을 가진 물체가 상대를 끌어당기는 것처럼 작용하는 시공의 일그러짐 때문에 생기는 힘입니다. 중력에 관한 자세한 설명은 50쪽 이후를 참고해 보세요.

빛은 입자일까, 아니면 파동일까?

--------- 우주에 있는 물질이나 힘의 정체는 소립자라는 가장 작은 알갱이(입자)임을 앞서 설명했습니다. 그리고 빛은 전자기파, 즉 파동이라고도 설명했습니다. 그렇다면 빛은 입자일까요? 아니면 파동일까요?

빛이 입자인지 파동인지는 1700년 무렵부터 많은 과학자가 고민한 문제입니다. 빛은 파동이 중첩해서 강해지거나 약해지는 '간섭'이라는 현상을 보여줍니다. 한편, 물질에 빛을 쪼이면 전자가 튀어나오는 광전효과라는 현상은 빛이 입자라는 사실을 보여줍니다. 즉 빛은 파동의 성질과 입자의 성질을 함께 가지고 있다는 뜻이지요.

현재는 빛뿐 아니라 세상의 모든 물질이 파동의 성질을 함께 가진다고 여겨집니다. 마이크로 세계는 우리의 일상적인 감각으로는 상상할 수 없는 물리 법칙을 따릅니다. 이처럼 매우 작은 세계를 설명하는 이론을 양자론이라고 합니다. 양자란 물질(실체) 또는 양의 최소 단위입니다. 마이크로 세계에서는 빛과 같은 물리적 대상이나 에너지 같은 물리적 양이 양자라는 최소 단위의 배수로만 존재합니다. 참고로 소립자인 광자의 정체는 빛의 양자입니다.

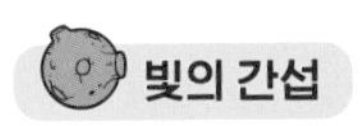

빛의 간섭

두 판에 구멍을 뚫어서 빛을 통과시키면 빛 파동의 마루와 마루, 골과 골이 중첩(보강)되어 강해지거나, 마루와 골이 중첩(상쇄)되어 약해져서 스크린에 명암 줄무늬가 나타난다. 이런 현상을 간섭이라 하며 빛이 파동의 성질을 가진다는 것을 보여준다.

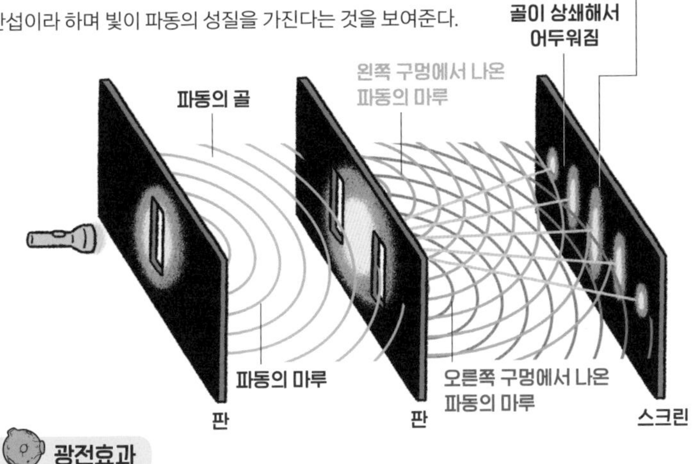

광전효과

물질에 빛을 쪼이면 전자가 튀어나오는 현상을 광전효과라고 한다. 파장이 아주 짧지 않으면 아무리 센 빛을 쪼여도 광전효과는 일어나지 않는다. 왜냐하면 빛에는 입자의 성질이 있으며 에너지가 주파수에 비례하기 때문이다. 빛은 파동의 성질과 광자라는 입자의 성질을 함께 가진다.

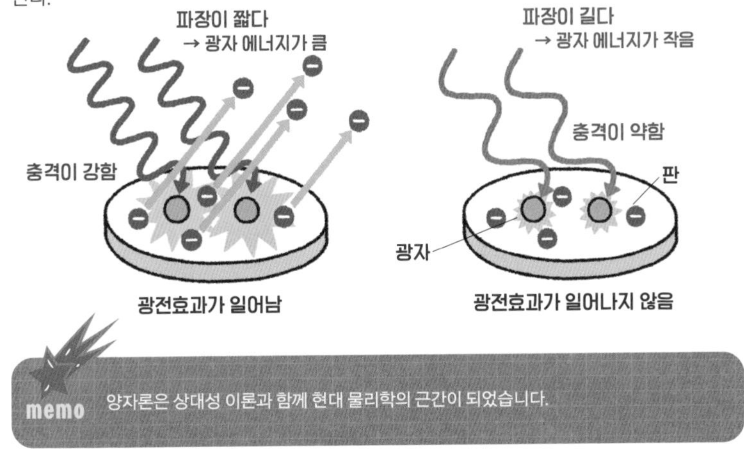

memo 양자론은 상대성 이론과 함께 현대 물리학의 근간이 되었습니다.

하늘과 우주의 경계는 정확히 어디일까?

--------- 넓은 의미에서의 우주는 시간과 공간, 그리고 그 안에 있는 천체 등의 물체를 함께 모은 것을 가리킵니다. 하지만 우리는 지구에 살고 있으므로 일상적으로는 '지구 바깥'이라는 좁은 의미로 우주라는 단어를 사용하는 사람도 많겠죠. 이렇게 지구 등의 천체에 속하지 않는 공간 영역을 우주공간이라고 합니다.

천체를 둘러싼 기체층은 대기입니다. 지구 대기는 고도에 따라 대류권, 성층권, 중간권, 열권, 외기권의 다섯 층으로 나뉩니다. 국제항공연맹은 고도 100km를 경계로 그보다 바깥을 우주공간으로 정의합니다.

비행기가 날 수 있는 이유는 엔진의 추력으로 대기 중에 있을 때, 기체를 떠받치는 양력을 날개에서 만들어내기 때문입니다. 날개 윗면을 따라 흐르는 공기의 속도는 아랫면을 따라 흐르는 공기의 속도보다 빨라집니다. 흐름이 빠를수록 압력은 낮아지므로 윗면보다 아랫면에 큰 압력을 받아서 날개가 양력을 얻고, 비행기는 자세를 유지할 수 있습니다.

고도가 높아져서 공기가 희박해지면 비행기를 떠받치는 양력을 얻을 수 없게 되므로 비행기가 날 수 있는 고도 한계는 약 100km입니다. 이 한계선을 카르만 라인이라 부르기도 합니다.

지구 대기권

지구 대기의 층인 대기권은 고도에 따라 다섯 영역으로 나뉜다.

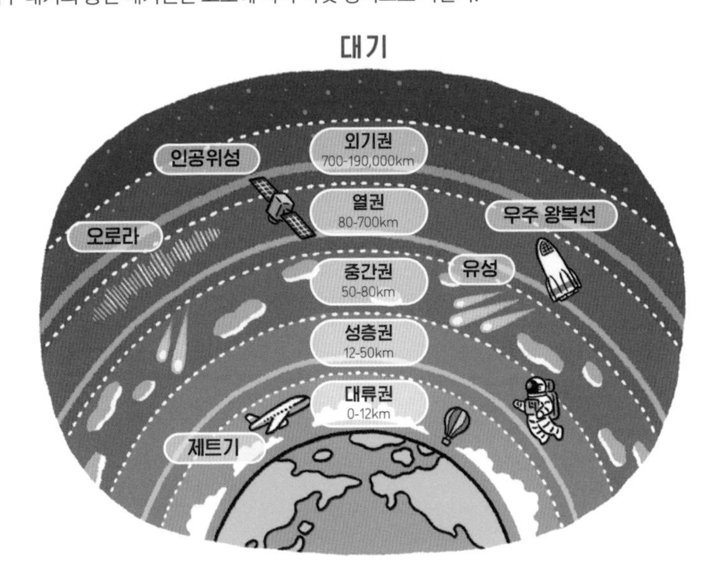

비행기가 날 수 있는 이유

날개에서 위로 향하는 힘인 양력을 만들어서 자세를 유지하며 비행할 수 있다.

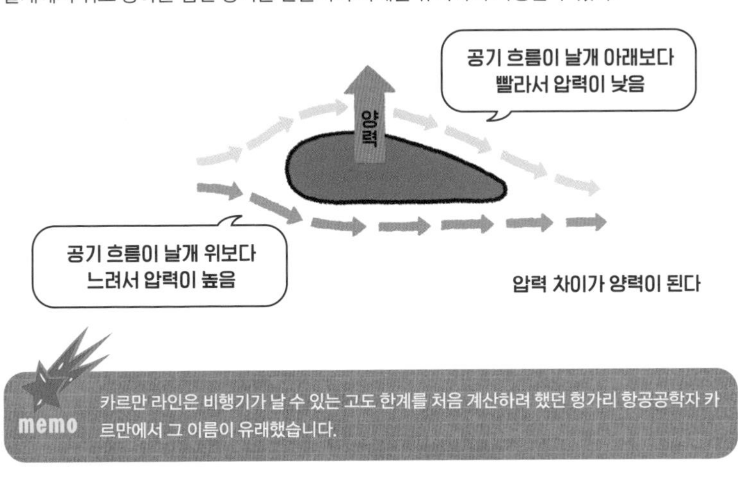

memo

카르만 라인은 비행기가 날 수 있는 고도 한계를 처음 계산하려 했던 헝가리 항공공학자 카르만에서 그 이름이 유래했습니다.

COLUMN

우주물리학자의 생활

학문 연구를 직업으로 하는 사람을 연구자라고 합니다. 우주 물리 연구자는 우주물리학자라고 부르며, 대학에서 연구 활동을 하는 경우가 많습니다. 연구자는 여러 방법으로 발견한 연구 성과를 글로 정리해서 논문으로 공개합니다.

우주물리학자는 다른 연구자의 논문을 읽고 느낀 의문을 검토하거나, 논의해서 새로운 지식과 견문을 얻습니다. 그리고 이런 고찰을 다시 논문으로 정리하는 것이 일상적인 활동입니다.

연구 방법은 분야별로 크게 '이론'과 '실험'으로 나뉩니다. 이론물리학자는 종이와 연필, 컴퓨터 등을 사용해 계산·시뮬레이션을 해서 이론을 만들어 새로운 현상을 예측하고, 관측 데이터를 해석하며 우주의 수수께끼에 이론적으로 다가갑니다.

반면 실험물리학자는 실험 장치를 개발하거나, 실제로 데이터를 측정하거나 해석하면서 우주의 수수께끼에 실험적으로 다가갑니다. 이론 연구자와 실험 연구자가 각각의 전문 지식을 모아서 공동으로 연구하는 사례도 자주 있습니다.

CHAPTER

2

우주물리학의 핵심, 중력

물리를 배울 때 자주 듣는 단어가 '중력'입니다.
뉴턴이나 아인슈타인 등 유명한 천재들이
중력의 수수께끼에 다가가 우주의 비밀을
설명하는 이론을 유도해 주었습니다.
중력의 불가사의한 세계에 관해 알아보겠습니다.

뉴턴의 사과

--------- 지상에서 공중으로 던져진 물체는 결국 지면을 향해 떨어집니다. 그것이 중력에 의해 일어나는 현상이라는 것은 학교에서도 배웠을 겁니다.

영국 과학자 뉴턴은 미적분이라는 수학을 사용해서 물체의 운동과 물체에 작용하는 힘의 법칙을 발견했습니다. 이렇게 물체의 운동과 그것들에 작용하는 힘을 연구하는 물리학 분야를 역학이라고 합니다.

뉴턴이 발견한 역학 법칙은 물체가 하던 운동을 유지하려고 하는 관성의 법칙, 물체의 운동과 힘의 관계를 밝힌 가속도의 법칙, 물체에 힘을 가하면 그만큼 반대 방향의 힘이 발생한다는 작용·반작용의 법칙이며, 이것이 뉴턴의 세 가지 운동 법칙입니다.

뉴턴은 질량을 갖는 물체 사이에는 반드시 인력이 발생한다는 만유인력의 법칙을 유도해 냈습니다. 사과가 지면에 떨어진다거나 달이 지구 주위를 도는 현상의 원인도 지구 중력이 인력으로 작용하기 때문이라는 것입니다.

뉴턴의 운동 법칙과 만유인력의 법칙은 케플러의 세 가지 법칙을 수학적으로 잘 설명합니다. 지상에서 성립된 물리 법칙이 작용하는 곳은 지상만이 아님을 수학적으로 표현하는 데 성공한 것입니다.

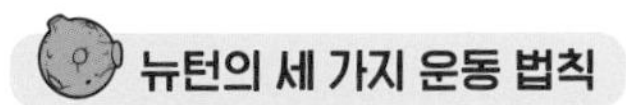

뉴턴의 세 가지 운동 법칙

관성의 법칙
물체는 운동 상태를 유지하려 한다.

가속도의 법칙
물체에 가하는 힘으로 생기는 가속도는 관성질량에 비례한다.

작용·반작용의 법칙
물체에 힘을 가하면 반대 방향의 힘이 발생한다.

만유인력의 법칙

사과가 땅으로 떨어지는 것, 달이 지구 주위를 도는 것은 모두 만유인력의 법칙과 뉴턴의 운동 법칙으로 설명할 수 있다. 만유인력의 법칙에서 F는 중력, m_1, m_2는 두 물체의 질량, r은 두 물체 사이의 거리, G는 만유인력 상수를 나타낸다.

힘 / 각각의 질량

$$F = G\frac{m_1 m_2}{r^2}$$

만유인력 상수 / 거리

상대성 이론은 어떻게 만들어졌을까?

-------- 왠지 어려워 보인다는 이야기를 많이 듣는 상대성 이론은 시간과 공간(시공간)을 대상으로 하는 유명한 물리학 이론입니다. 뉴턴 역학에서는 시간과 공간을 변화하지 않는 절대적인 것으로 보고, 시공간이라는 그릇 안에서 일어나는 여러 물체 운동 현상을 이해하려고 했습니다. 반면 상대성 이론은 그릇인 시공간 역시 물리 법칙을 따라 변화한다고 생각합니다.

상대성 이론에는 독일 물리학자 아인슈타인이 1905년에 제창한 특수상대성 이론과 1915년에 제창한 일반상대성 이론이 있습니다. 특수상대성 이론은 광속(빛의 속도)에 가까운 빠르기로 이동하는 물체의 운동을 설명할 수 있는 이론이며 뉴턴 역학을 더 정밀하게 만든 것입니다. 일반상대성 이론은 시공간과 중력에 관한 이론이며, 특수상대성 이론을 일반화한 것입니다. 만유인력 법칙에서의 중력을 대신하는 새로운 중력 이론이라 할 수 있습니다.

상대성 이론은 우리가 일상에서 접할 일이 없는 매우 큰 에너지나 중력이 관계된 현상을 설명하는 데 필요합니다. 지금부터는 상대성 이론이 보여주는 상식을 넘어선 신기한 세계를 살펴보겠습니다.

뉴턴의 이론과 상대성 이론의 관계

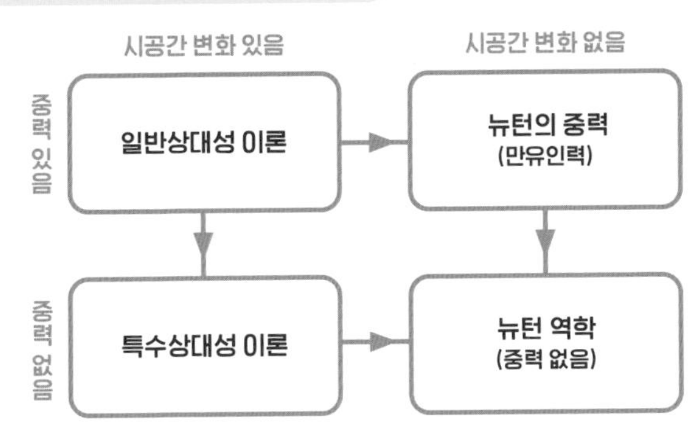

일반상대성 이론에서 휘어진 시공간의 이미지

만유인력 법칙에서는 질량을 가지는 물체 사이에서 원격으로 중력이 작용한다고 생각한다.

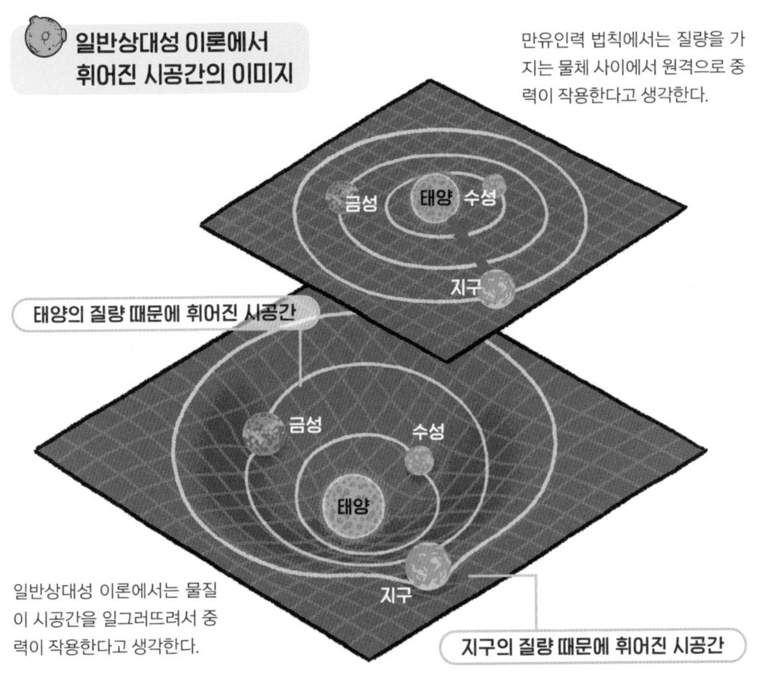

일반상대성 이론에서는 물질이 시공간을 일그러뜨려서 중력이 작용한다고 생각한다.

memo 광속이란 광속도를 줄인 표현이며, 빛이 전해지는 속도를 말합니다. 진공에서 빛의 속도는 2.99792458×10^8m/s입니다.

상대성 이론에서 우주는 3차원이 아니라 4차원이다

상대성 이론은 우주의 시공간을 4차원 공간으로 취급합니다. 공간은 점의 모임입니다. 각 점을 지정하려면 좌표라고 부르는 변수가 필요합니다. 이런 변수를 할당하는 방법을 좌표계라고 합니다. 예를 들면, 막대 위의 위치를 정하고 말하려면 막대 끝부분부터의 거리를 지정해야 합니다. 칠판 위에서의 위치 역시 칠판 왼쪽 아래를 기준으로 한다면 그곳에서 오른쪽과 위로 얼마나 떨어져 있는지를 지정해야 정해집니다.

차원이란 이처럼 공간의 각 점을 지정하는 데 필요한 변수의 개수를 의미합니다. 예를 들어 막대 위는 1차원 공간이고, 칠판 위는 2차원 공간이라 할 수 있겠죠. 더 간단히 말하면, 그 공간에서 움직일 수 있는 방향의 개수가 곧 차원입니다. 막대 위에서는 한 방향으로만 움직일 수 있으니 1차원, 칠판 위에서는 가로와 세로라는 두 방향으로 움직일 수 있으므로 2차원이 됩니다. 우주는 상하, 좌우, 앞뒤로 움직일 수 있는 3차원에, 미래와 과거라는 시간 방향으로 움직일 수 있으므로 1차원을 더해서 합계 4차원 시공간이 되지요.

어떤 사건을 지정하려면 시간과 공간이 함께 필요합니다. 단, 공간은 원하는 방향으로 움직일 수 있으나 시간은 과거에서 미래로만 진행할 수 있다는 차이가 있습니다.

좌표와 차원

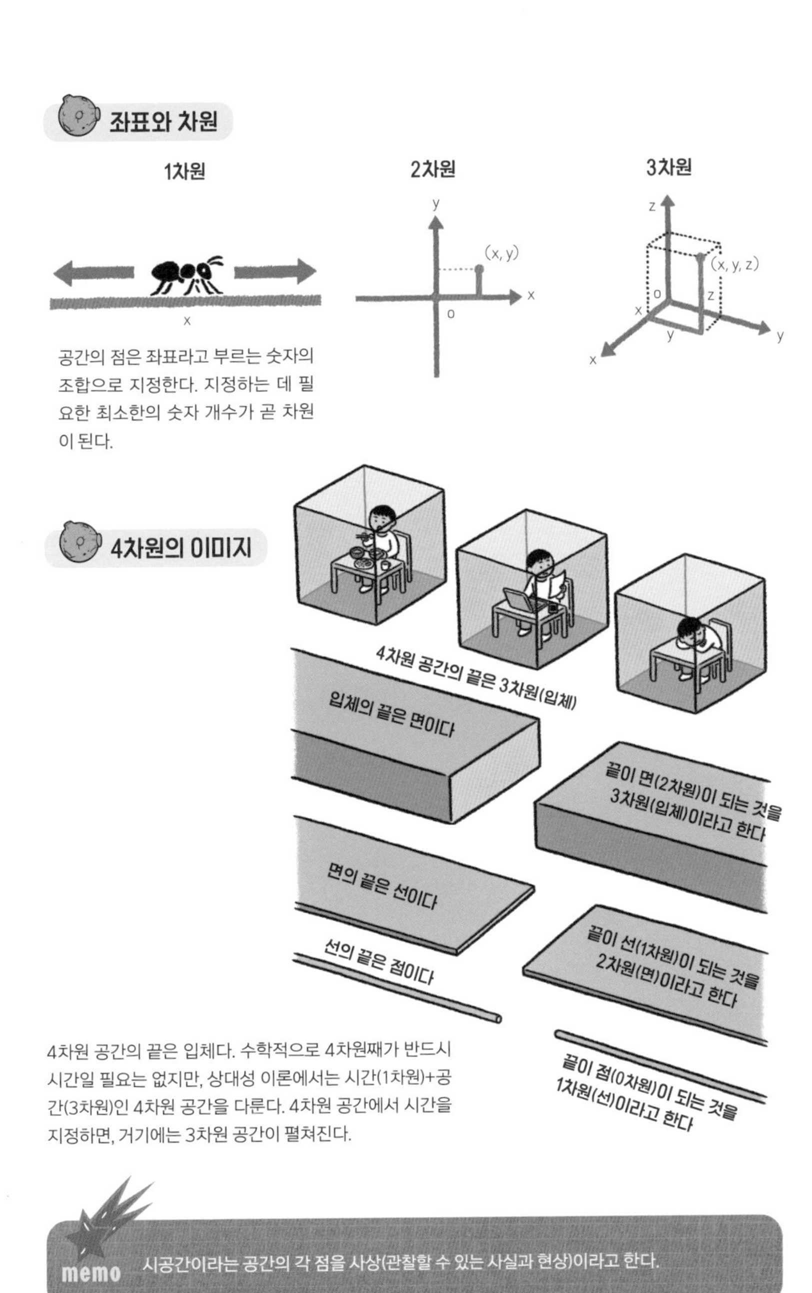

공간의 점은 좌표라고 부르는 숫자의 조합으로 지정한다. 지정하는 데 필요한 최소한의 숫자 개수가 곧 차원이 된다.

4차원의 이미지

4차원 공간의 끝은 입체다. 수학적으로 4차원째가 반드시 시간일 필요는 없지만, 상대성 이론에서는 시간(1차원)+공간(3차원)인 4차원 공간을 다룬다. 4차원 공간에서 시간을 지정하면, 거기에는 3차원 공간이 펼쳐진다.

memo 시공간이라는 공간의 각 점을 사상(관찰할 수 있는 사실과 현상)이라고 한다.

어느 쪽이 멈춰 있는지는 알 수 없다

특수상대성 이론은 두 가지 원리로 이루어져 있습니다. 그중 하나가 특수상대성 원리입니다.

시속 1만 km인 두 우주선 A와 B가 서로 스쳐 지나갔다고 합시다. A 안에 있는 사람이 보면 나는 멈춰 있고 B가 시속 2만 km로 날아가는 것처럼 보입니다. 지구에서는 지면을 기준으로 무엇이 멈춰 있고 무엇이 움직이는지를 간단히 판단할 수 있지만, 사실 멈추거나 움직이는 것은 보는 사람에 따라 달라지는 상대적인 문제입니다.

게다가 이렇게 일정한 속도로 진행해서 관성의 법칙이 성립하는 우주선 안에서는 물체의 운동 법칙이 같은 형태가 됩니다. 이처럼 관성의 법칙이 성립하는 좌표계를 관성계라고 합니다.

특수상대성 원리는 모든 관성계에서 모든 물리 법칙은 같은 형태가 된다는 전제를 가리킵니다. 간단히 말하면, '일정한 속도로 움직이는 사람들 속에서 누가 멈춰 있고 움직이는지는 보는 사람에 따라 달라진다'라는 것입니다.

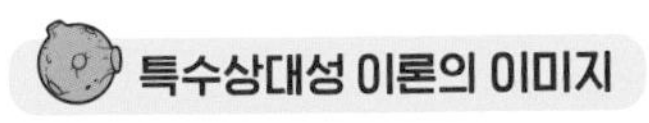

특수상대성 이론의 이미지

관성의 법칙이 성립하는 관성계의 사람이 보면, '어느 우주선이 움직이고, 어느 우주선이 멈춰 있는지'는 상대적이기 때문에 판단할 수 없다.

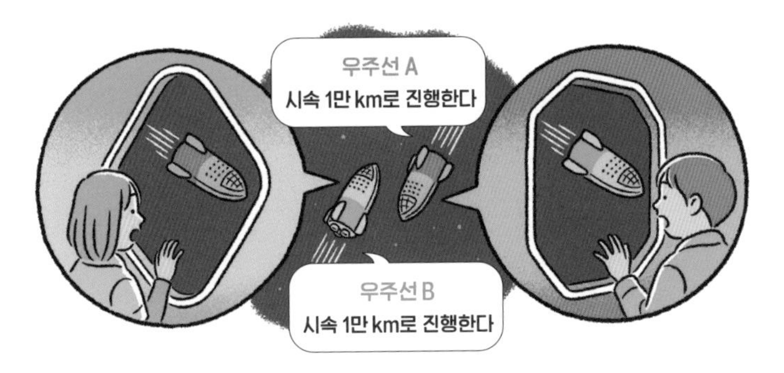

운동과 시점

우리는 지면이 정지해 있다고 생각하지만, 지구가 자전하면서 태양 주위를 공전하므로 실제로는 아주 빠른 속도로 이동하고 있다. 공전의 중심인 태양도 우리 은하 내부를 돌고 있고, 우리 은하 자체도 주위 은하와 함께 운동하고 있다. 이처럼 운동은 시점에 따라 달라지므로 절대적으로 멈춰 있는 것은 존재하지 않는다.

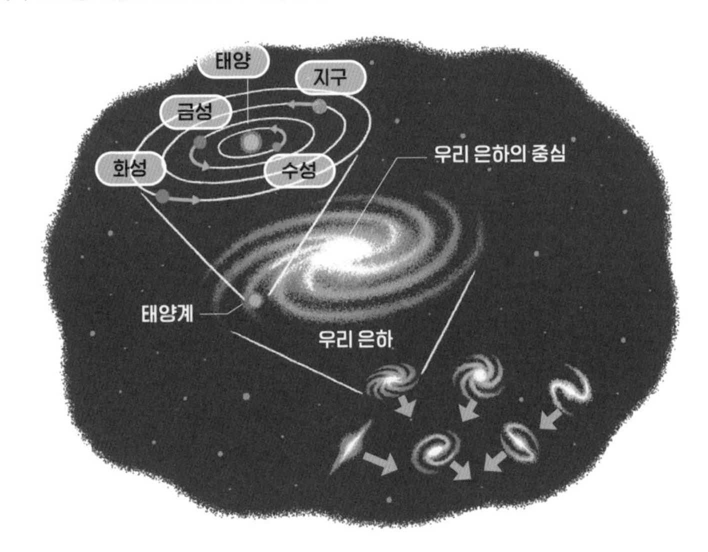

빛은 누가 봐도 똑같은 속도다

특수상대성 이론의 또 하나의 원리는 광속도 불변의 원리입니다. 물리학에서는 시공간의 각 점에 분포하는 양(공간좌표의 함수인 물리량)을 장(場)이라고 합니다. 그리고 전기력과 자기력이 영향을 주는 장을 전자기장이라고 합니다. 빛은 전기장과 자기장이 진동하면서 공간에서 전해지는 전자기파라고 불리는 파동입니다.

59쪽 아래 그림에서 우주복을 입고 있는 사람이 보는 빛이 진공에서 광속(초속 30만 km)으로 진행한다고 합시다. 초속 20만 km로 빛과 같은 방향으로 이동하는 우주선에 타고 있는 사람이 그 빛을 본다면, 빛의 속도는 어떻게 될까요?

일상적인 감각으로는 초속 30만 km에서 초속 20만 km를 뺀 초속 10만 km로 진행할 것 같지만, 사실은 우주선에 탄 사람이 봐도 빛의 속도는 초속 30만 km입니다. 빛의 속도는 통상적인 속도의 덧셈이나 뺄셈이 성립하지 않습니다. 이것이 광속도 불변의 원리입니다.

정리하면, 광속도 불변의 원리는 어떠한 관성계(외력을 받지 않는 물체가 정지 또는 등속 직선 운동을 하는 관성의 법칙이 성립하는 좌표계)에서 보더라도 광속도는 달라지지 않는다는 전제입니다. 빛의 속도는 절대적이고, 누가 보더라도 같습니다.

전자기파의 이미지

빛은 전자기파라고 하는 파동이다. 전자기파는 전기장과 자기장이라고 불리는 물리량이 진행 방향에 대해 수직인 방향으로 진동하고 있다.

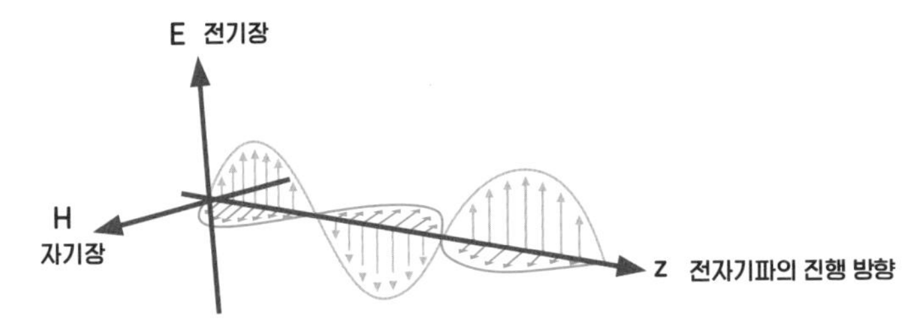

광속도 불변의 원리

빛의 속도는 속도의 덧셈과 뺄셈이 성립하지 않는다. 광속도는 관성계에 있는 누가 보더라도 광속도다.

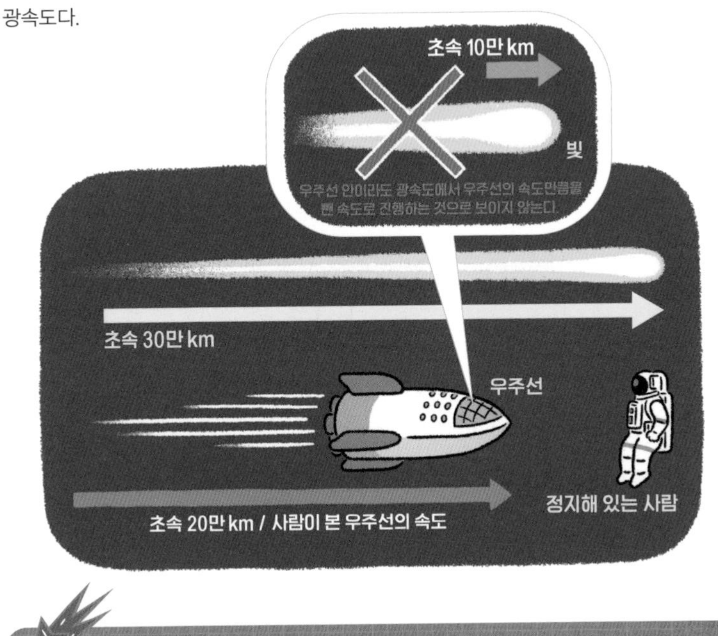

memo 전기력과 자기력을 대상으로 하는 물리학 분야를 전자기학이라고 합니다.

4차원 시공간을 그림으로 그려보자

--------- 시간과 공간의 모습을 나타낸 그림을 시공간 그림(시공간 다이어그램)이라고 합니다. 그림에서 한 점이 정해지면 시간과 공간이 정해집니다.

보통 세로축을 시간으로 정하고, 그림 위쪽을 미래, 그림 아래쪽을 과거로 표시합니다. 가로축은 공간입니다. 따라서 가로 방향으로 이동하는 것은 공간을 이동하는 것과 같습니다. 실제 시공간은 4차원이지만, 종이 위(2차원)에는 4차원 그림을 적절하게 그릴 수 없으므로 시공간 그림에서는 공간을 2차원 또는 1차원으로 간략히 표시합니다.

공간은 길이 단위로 나타냅니다. 그러므로 광속도를 시간에 곱해서 길이 단위로 맞춰서 표현합니다. 이렇게 하면 빛은 시공간 그림에서 기울기 45도인 선을 따라 진행합니다.

하지만 무한히 떨어져 있는 미래와 과거, 장소(무한원점)는 시공간 그림에서도 아주 멀리 위치합니다. 그러므로 시공간 그림을 종이처럼 제한된 곳에 그려서는 과거와 미래, 공간 구조를 조사할 수 없습니다. 그래서 시공간의 무한원점은 빛의 진행 방향이 기울기 45도의 선이 되도록 유한한 영역으로 줄여서 표현합니다. 이를 통해 '우주의 어딘가에서 일어난 현상이 다른 현상에 어떤 영향을 미치는지' 같은 인과 관계를 우주 전체에 걸쳐서 이해할 수 있습니다.

시공간 그림

세로축을 시간으로 하고 이것과 수직인 방향을 공간으로 한다. 4차원은 종이 위에 적절하게 그릴 수 없으므로 공간은 2차원으로 한다. 중심에 관측자가 있다고 하면 시간이 일정한 면은 현재를 나타내며, 그 위에 있는 공간이 미래, 그 아래에 있는 공간이 과거를 나타낸다. 빛은 시공간 그림 위에서 45도 방향으로 진행하므로 모든 방향으로 날아간 빛을 모으면 원뿔형이 된다. 이것을 광원뿔이라고 하며, 시공간의 원인과 결과의 관계를 결정하는 데 중요한 역할을 한다.

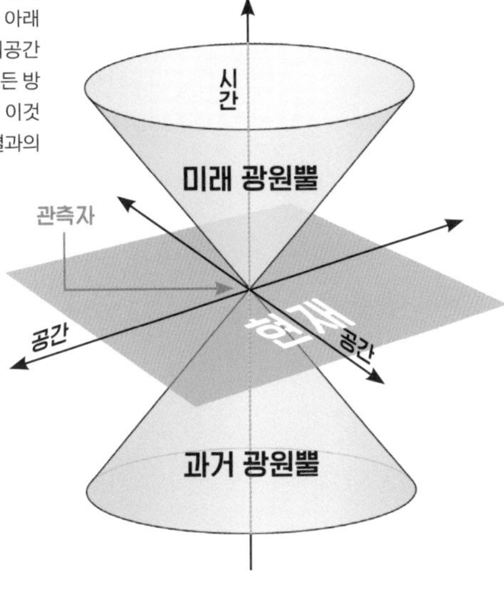

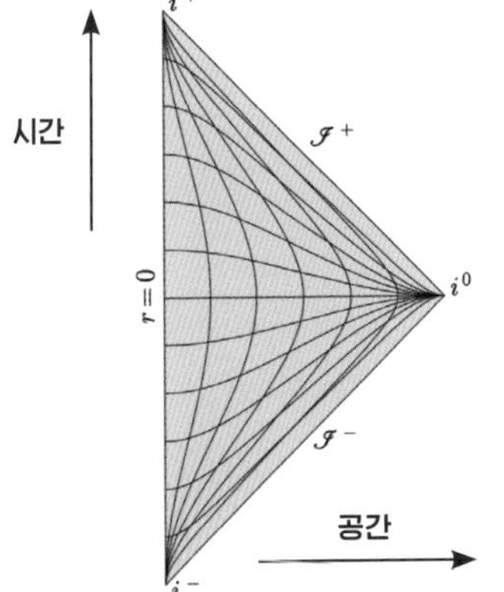

펜로즈 그림

펜로즈 그림은 인과 관계를 유지한 채 시공간 그림을 적절하게 변형해서 유한한 영역에 무한 시공간을 그릴 수 있게 만든 것이다. 시공간 그림 위의 곡선은 기울기에 따라 시간 곡선, 빛 곡선, 공간 곡선의 세 종류가 있다. 이에 대응해서 무한히 먼 곳도 종류가 있다. i^+, i^-는 각각 시간상으로 무한히 먼 미래와 과거, $\mathscr{I}^+$, $\mathscr{I}^-$는 무한히 먼 빛, i^0는 무한히 먼 공간으로 불린다. 참고로 $\mathscr{I}$는 Script I를 줄인 것으로 scri(스크라이)라고 읽고, i는 spi(스파이)라고 읽는다.

memo

이처럼 각도를 유지하는 변환(공형 변환)으로 시공간을 다른 시공간의 작은 영역에 채워 넣어서 얻은 그림을 펜로즈 그림(펜로즈 다이어그램)이라고 합니다.

빠르게 움직이면 시간은 느려진다

--------- 누가 보더라도 빛의 속도가 물리 법칙의 형태와 같아지려면, 시간과 공간의 길이가 보는 사람에 따라 달라져야 합니다. 그런 현상 중 하나가 '시간의 느려짐'입니다.

예를 들면 정지해 있는 사람 옆을 우주선이 빠른 속도로 지나가는 순간에, 우주선 바닥에서 천장을 향해 수직으로 빛을 쏘고 그 빛이 천장에서 반사되어 바닥으로 돌아오게 한다고 가정해 보겠습니다. 그러면 우주선 안에 있는 사람이 보기에는 빛이 천장에서 반사되어 천장과 수직인 일직선상으로 돌아오는 것처럼 보일 것입니다.

그러나 우주선 밖에 있는 사람이 보기에는 빛이 우주선 진행 방향으로 이동하면서 반사되어 돌아오는 것처럼 보입니다. 다시 말해 빛이 더 긴 거리를 이동한 것처럼 보입니다.

광속도 불변의 원리에 따르면 누가 보더라도 빛의 속도는 같아야 합니다. 그러므로 우주선 바깥에 있는 사람의 시간이 우주선 안의 시간보다 길어져야만 합니다. 즉 정지해 있는 사람보다 움직이는 사람 쪽의 경과 시간이 짧아지므로, 시간이 느려져서 천천히 흐릅니다. 하지만 우주선 안의 사람은 그것을 알아차리지는 못합니다. 반대로 우주선 안에 있는 사람이 보기에는 바깥에 있는 사람이 빠른 속도로 움직이는 것처럼 보여서 우주선 밖의 시간이 느려진 것처럼 보입니다.

시간의 느려짐이란?

우주선 안에서 보는지 밖에서 보는지에 따라 빛의 경로 길이가 달라진다. 하지만 광속도 불변의 원리에 의해 빛의 속도는 달라지지 않는다. 그러므로 우주선 밖의 사람보다 움직이는 우주선 안의 사람 쪽 시간이 천천히 흐르는 것이다.

시간의 느려짐과 시공간 그림

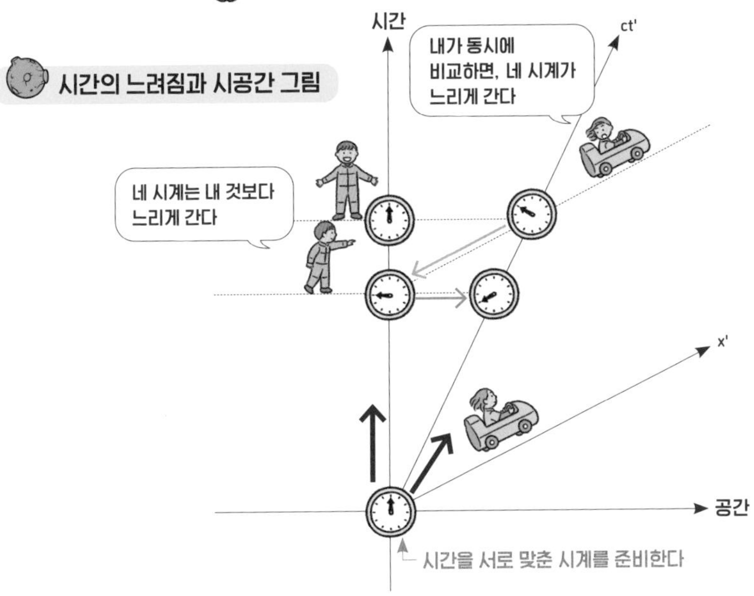

시간의 느려짐을 시공간 그림에서 살펴보자. 운동은 상대적이므로 한쪽에서 보면 다른 한쪽은 움직이고 있어서 서로 상대의 시계가 느리게 간다고 느낀다. 동시라고 생각하는 시점이 보는 사람에 따라 달라지므로 이런 현상이 생긴다.

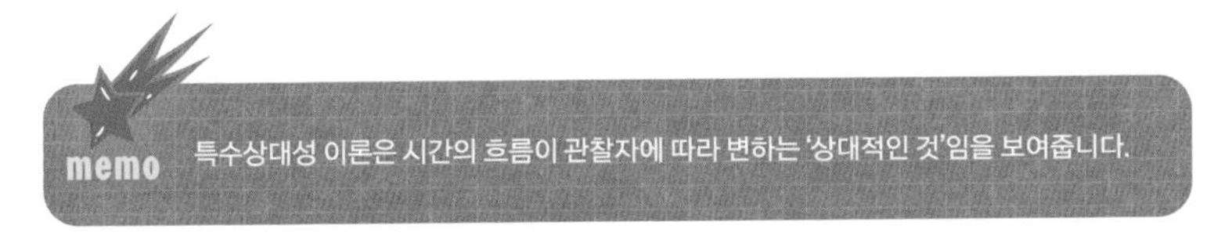

빠르게 움직이면 길이도 짧아진다

--------- 보는 사람에 따라 시간이나 공간이 변화하는 현상의 또 다른 예가 길이 수축입니다. 어떤 장소에 멈춰 있는 시계 옆을 우주선이 빠른 속도로 통과했다고 합시다.(65쪽 그림 A) 그리고 시계 옆(우주선 밖)에서 멈춰 있는 사람이 봤을 때, 우주선의 앞쪽 끝부분과 뒤쪽 끝부분이 그 지점을 통과하는 시간을 기록합니다. 우주선의 속도에 소요 시간을 곱하면 우주선의 길이를 알 수 있습니다.

한편 우주선 안에 있는 사람이 보기에는(65쪽 그림 B) 바깥의 시계가 움직이는 것처럼 보입니다. 밖에서 움직이는 시계는 우주선 안의 시계보다 느리게 가므로, 밖의 시계가 우주선 앞쪽 끝부분에서 뒤쪽 끝부분까지 움직일 때까지 걸리는 시간을 우주선 안의 시계로 재면 경과 시간은 길어집니다.

마찬가지로 우주선과 시계의 속도는 같으므로, 시계의 속도에 이 시간을 곱하면 우주선의 길이를 알 수 있습니다. 즉 경과 시간이 길어진 만큼 우주선의 길이는 길이집니다. 바꿔 말하면, 움직이는 물체는 멈춰 있을 때보다 진행 방향으로 짧게 보이는 것입니다. 이렇게 물체가 움직일 때가 멈춰 있던 때보다 진행 방향으로 짧게 보이는 현상을 로런츠 수축이라고 합니다.

길이 수축

〈그림 A〉

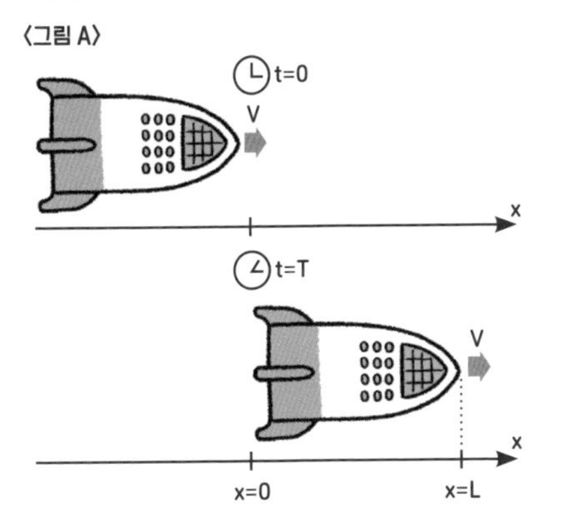

밖의 사람이 보기에 정지한 시계의 경과 시간에 우주선의 속도를 곱하면 우주선의 길이를 구할 수 있다.

〈그림 B〉

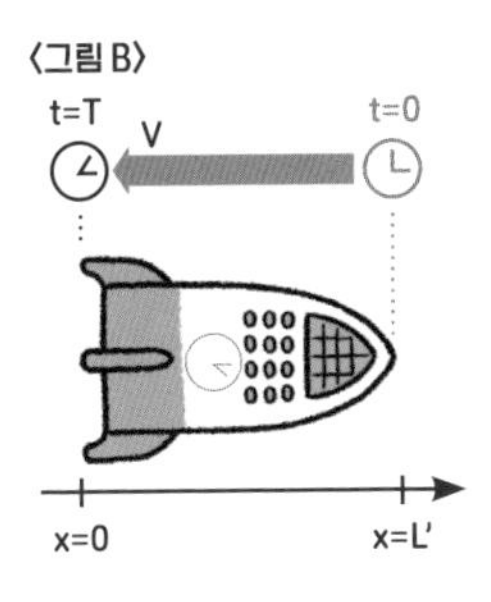

우주선 안에 있는 사람이 보기에는 밖의 시계가 빠른 속도로 우주선 뒤로 움직이는 것으로 보이므로, 이 시계는 우주선 안의 시계보다 시간이 느리게 간다. 그러므로 안에서 보기에 멈춰 있는 우주선의 길이도 움직일 때보다 길어진다.

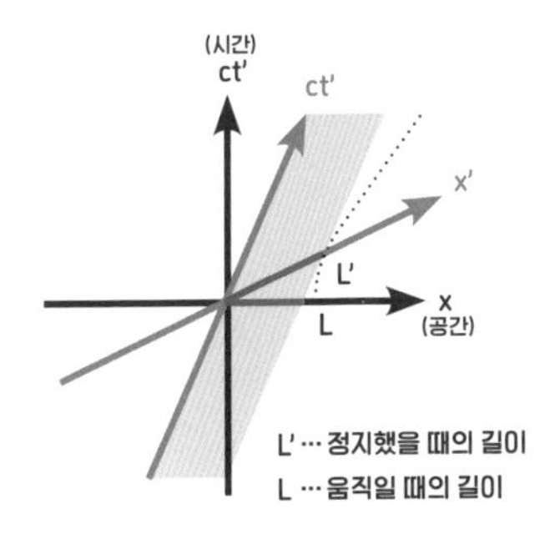

길이 수축과 시공간 그림

길이 수축을 시공간 그림에서 살펴보자. 여기서도 정지해 있는 사람과 움직이는 사람이 보는 물체 양쪽 끝의 동시가 달라서 이런 현상이 일어난다. 움직이는 물체의 길이 L이 정지해 있는 물체의 길이 L'보다 짧아진다.

길이 수축 이미지

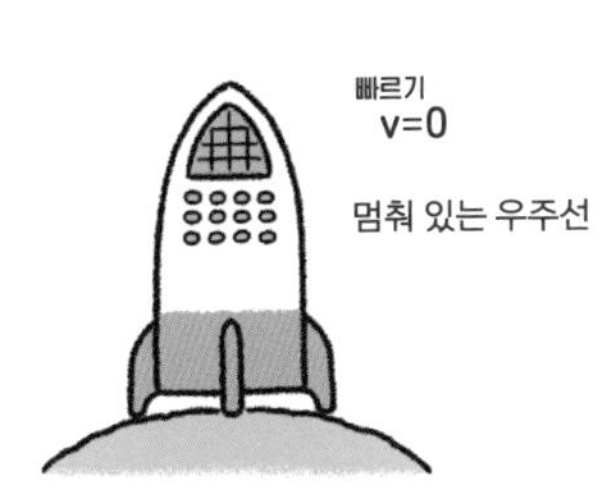

빠르기
v=0.95c

우주선이 광속도의 95% 빠르기로 진행하면, 우주선의 길이는 1/3 수준으로 짧아진다.

산소가 없는 우주공간에서 태양이 연소하는 이유

"우주공간에는 산소가 없는데 태양은 어떻게 불타고 있나요?"라는 질문을 받은 적이 있습니다. 그 말대로 사실 태양은 불타고 있지 않습니다! 태양은 산소와 결합해서 타오르는 것이 아니라 핵융합으로 빛나는 것입니다.

특수상대성 이론으로부터 에너지와 질량은 같다는 관계가 유도되었습니다. 즉 물체가 움직이지 않더라도 질량이 있으면 그만큼 에너지를 가지고 있는 것입니다. 그래서 태양처럼 움직이지 않는 항성 내부의 고온 환경에서는 (열)핵융합 반응이라 불리는 현상이 일어납니다.

원자는 원자핵의 양성자와 중성자 개수, 원자핵의 에너지 상태 차이에 따라 핵종이라 불리는 종류가 있습니다. 핵융합은 가벼운 핵종끼리 결합해서 무거운 핵종이 만들어지는 핵반응입니다.

태양과 같은 항성을 주계열성이라고 합니다. 주계열성에서는 핵융합을 통해 수소 원자 네 개로부터 양성자 두 개와 중성자 두 개를 갖는 헬륨이 만들어집니다. 핵융합으로 양성자 개수가 달라지므로 원자의 종류가 달라집니다. 만들어진 핵종 질량은 융합하기 전의 원자 질량 합보다 작아지며, 작아진 만큼의 질량에 해당하는 에너지가 빛으로 방출되는 것입니다.

 태양에서의 핵융합 반응

핵융합이란 가벼운 원자끼리 결합해서 무거운 원자가 생겨나는 핵반응이다. 핵반응이란 들어온 입자가 표적인 원자핵과 충돌해서 발생하는 현상이다. 태양에서는 수소 원자핵 네 개가 융합해서 헬륨 원자핵 한 개를 합성하는 핵융합 반응이 일어난다. 반응을 통해 잃은 질량은 빛 에너지로 방출되며, 이것이 바로 태양의 빛이다.

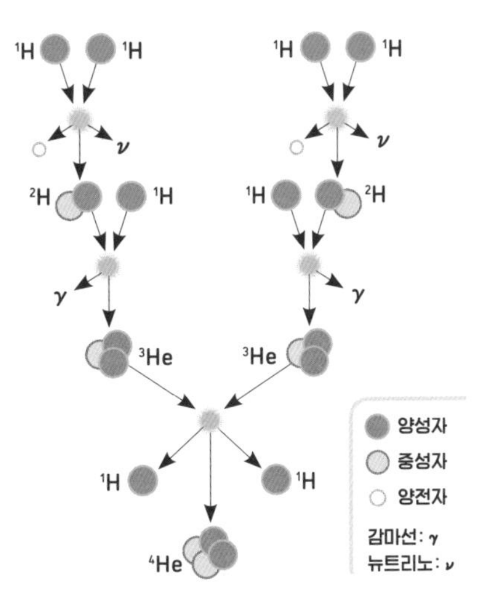

핵융합과 별의 윤회

수소나 헬륨은 우주의 빅뱅을 통해 만들어지고, 다른 원소는 별 내부의 핵융합 반응으로 만들어진다. 별의 질량에 따라 핵융합 반응의 경과가 다르며, 거기서 만들어진 원소는 별이 일생을 마칠 때 초신성 폭발로 우주공간에 방출된다. 그것들은 다시 성간가스로 모여 새로운 별의 근원이 된다. 별은 이렇게 다시 태어나며, 이 과정을 반복한다.

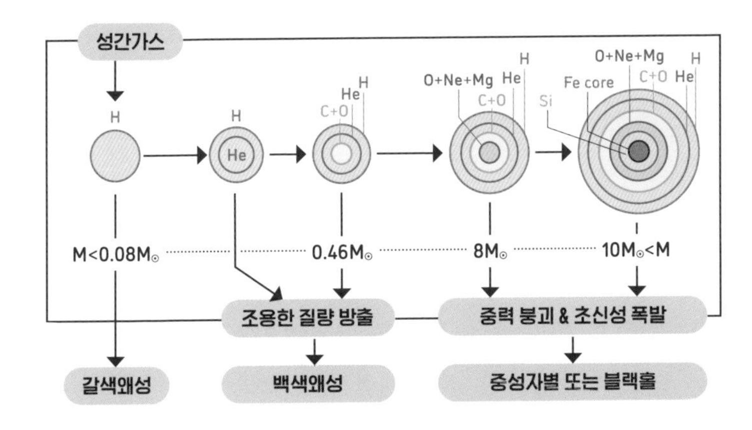

memo 지상에서는 물체가 산소와 결합하는 화학 반응을 '불탄다'라고 표현합니다. 천문학에서는 항성 내부의 핵융합 반응을 연소(=불탄다)라고 합니다.

중력을 없앨 수 있을까?

--------- 아인슈타인은 특수상대성 이론에 중력의 효과를 더해서 일반상대성 이론을 만들었습니다. 그 출발점은 '떨어지는 상자 안에서는 중력이 사라진다'라는 아이디어였습니다.

지구의 중력을 받아 가속하며 떨어지는 상자 안에서 같은 크기의 중력을 받으며 떨어지는 물체가 있다고 가정해 봅시다. 중력을 받아 낙하하는 물체는 종류와 관계없이 같은 낙하 운동을 합니다. 이것을 약한 등가원리라고 하며, 물체에 중력이 작용하지 않는 것처럼 보입니다.

뉴턴 역학에서는 이것을 '떨어지는 상자 안에서 보면 물체에 중력과 균형을 이루는 겉보기 힘인 관성력이 작용하기 때문이다'라고 설명했습니다. 한편 아인슈타인은 관성력과 중력을 구별할 수 없는 것으로 생각했습니다. 즉 낙하하는 상자 안을 생각하면 중력이 사라지는 것입니다.

하지만 실제로 중력은 지구 중심을 향해 작용하며 지구에 가까울수록 강해집니다. 그래서 상자 안의 한 점에서 중력이 사라지더라도 크기가 있는 상자 안 전체에서는 사라질 수 없습니다. 상자 안에 배치된 여러 물체는 중력을 느끼지 못하더라도 떨어지면서 가까워지거나 멀어지거나 합니다. 아인슈타인은 이것을 '시공간이 휘어지기 때문'이라고 생각했습니다.

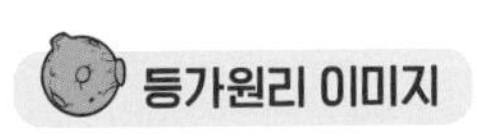

등가원리 이미지

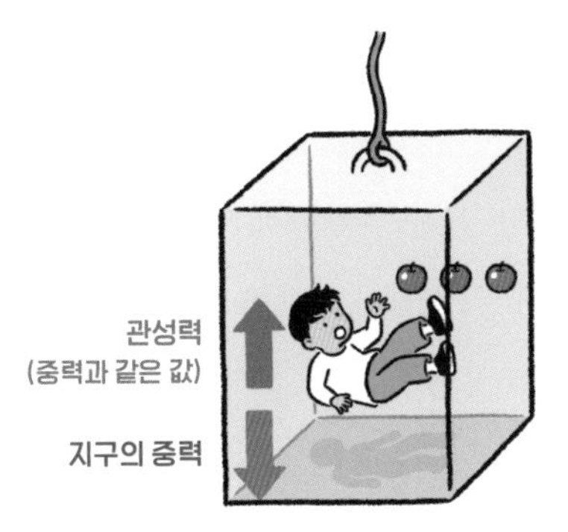

중력을 받아 떨어지는 상자 안에서는 중력을 느끼지 않는다. 뉴턴 역학에서는 관성력으로 불리는 겉보기 힘이 중력과 균형을 이루고 있다고 생각하지만, 일반상대성 이론에서는 관성력과 중력을 구별할 수 없다고 생각한다.

밖에서 보는 사람

중력은 물체 종류와 관계없이 물체를 똑같은 방식으로 낙하 운동하게 한다. 이것을 약한 등가원리라고 한다.

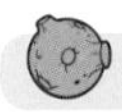

조석력과 등가원리

자유낙하를 하는 상자

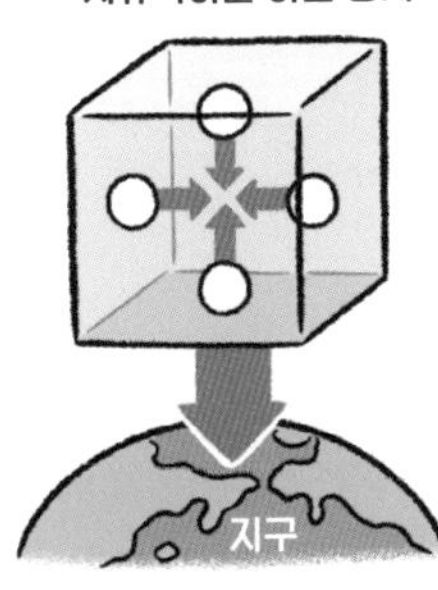

물체와 함께 낙하하는 상자가 있다고 할 때, 크기가 있는 상자 안의 모든 곳에서 중력을 사라지게 할 수는 없다. 중력의 차이만큼 힘의 차이가 남게 되는데, 이런 힘을 조석력이라고 한다.

정지한 상자

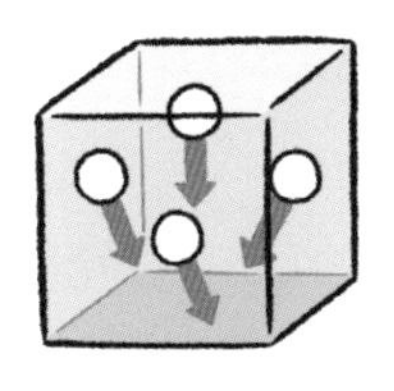

중력을 받아 낙하하는 물체에서 보면, 자신은 중력을 느끼지 않아야 하는데 서로 당기는 것은 시공간이 일그러져 있기 때문이다. 이 시공간의 일그러짐을 나타내는 곡률이 조석력의 정체를 드러낸다.

중력은 빛을 휘어지게 할 수 있다

--------- 낙하하는 작은 상자 안은 약한 등가원리로 인해 중력이 없는 관성계와 마찬가지인 환경으로 간주할 수 있습니다. 이것은 물체의 운동만을 고려한 경우입니다. 하지만 이 사고를 더 확장해서 '언제 어디서든 우주에서 중력을 포함한 모든 물리 법칙은 자유낙하를 하는 사람이 보기에는 마찬가지'라고 말할 수 있습니다. 이것을 강한 등가원리라고 합니다.

앞서 언급한 상자와 같이 중력을 상쇄한 영역에서는 특수상대성 이론이 성립하며, 모든 물리 법칙이 중력의 영향이 없는 관성계와 같아집니다. 그래서 낙하하는 상자 안에서도 빛은 직진합니다. 그러면 상자 밖에서 보는 사람은 빛의 진로가 휘어진 것처럼 보이게 됩니다. 이것은 빛이 중력에 끌려 당겨진 것이 아니라, 중력을 만드는 질량이 주위 공간을 일그러지게 해서 빛이 휘어진 것입니다.

마찬가지로 항성이나 은하 등에서 나온 빛이 진로 도중에 존재하는 천체의 중력에 의해 휘어지거나, 그 영향으로 여러 경로를 통과한 빛이 관측되는 현상을 중력렌즈라고 합니다. 중력렌즈는 빛이 휘어진 정도에 따라 '강한 중력렌즈', '약한 중력렌즈'와 휘어짐을 확인할 수 없는 '마이크로 중력렌즈'라는 세 가지 종류로 나뉩니다.

아인슈타인의 등가원리와 강한 등가원리

약한 등가원리를 중력 외의 모든 물리 법칙에 대해서 확장한 것이 아인슈타인의 등가원리다. 그리고 우주에서 언제, 어디서든 중력을 포함한 모든 물리 법칙에 대해 확장한 것이 강한 등가원리다.

등가원리에 의해 빛은 낙하하는 상자 안에서는 직진한다.

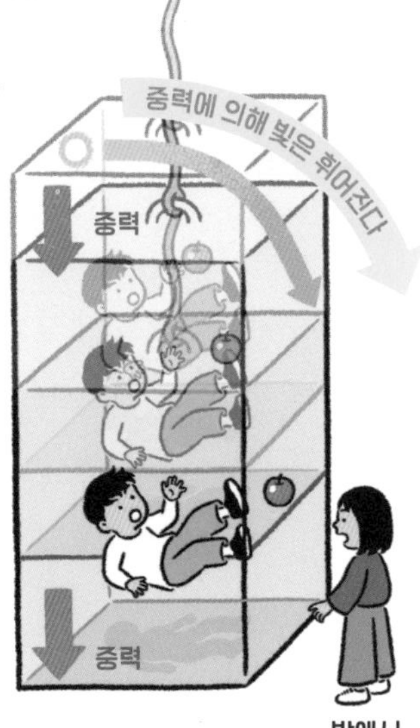

밖에서 보는 사람에게는 빛이 휘어져 보인다.

중력렌즈

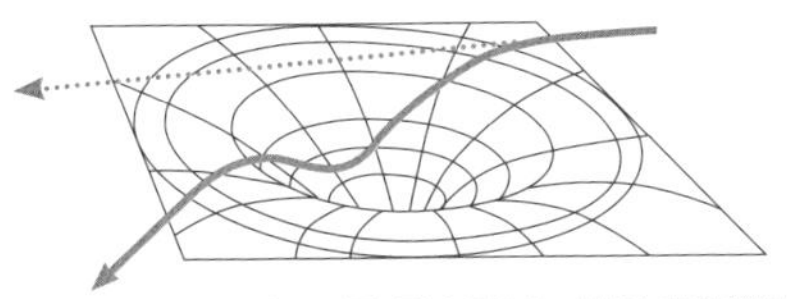

빛이 휘는 것은 빛에 질량이 있어서가 아니라, 시공간이 일그러져서 진로가 휘어지기 때문이다.

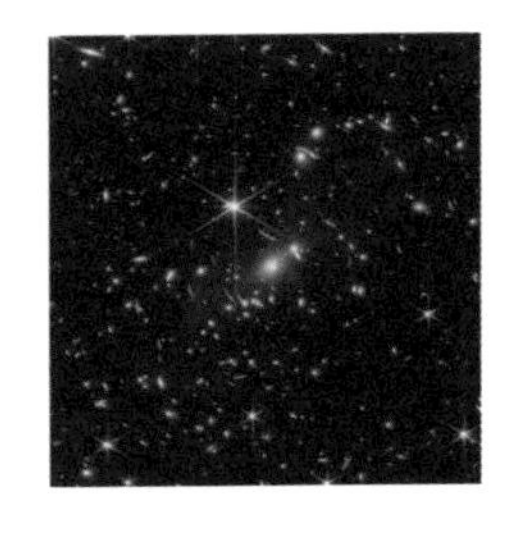

중력렌즈는 실제로 망원경으로 관측되었다. 사진은 제임스 웹 우주망원경으로 촬영한 은하단 SMACS 0723이다. 은하의 모습이 중력렌즈로 일그러진 것을 알 수 있다.

memo 강한 중력렌즈에서는 빛의 증가와 일그러짐 정도가 커지거나 여러 상이 나타납니다. 약한 중력렌즈에서는 여러 상이 나타나지 않으며 일그러짐 정도도 작습니다.

중력의 정체는 시공간의 일그러짐

--------- 일반상대성 이론은 강한 등가원리와 일반공변성의 원리로 구축되었습니다. 특수상대성 이론이 나타내는 시공간은 휘어져 있지 않은 평탄한 시공간입니다. 이를 민코프스키 시공간이라고 부릅니다. 특수상대성 이론에서는 두 가지 관성계(일정한 속도로 운동하는 사람) 사이에서는 물리 법칙이 같은 형태가 된다는 특수상대성 원리를 채택했습니다.

일반공변성의 원리에서는 가속하고 있는 사람도 포함해서, 누가 보더라도 물리 법칙이 같은 형태가 됩니다. 이를 통해 등가원리로 중력을 상쇄한 상자 안에서 성립하는 특수상대성 이론의 물리 법칙이 어떤 운동을 하는 사람에게도 같은 형태로 성립합니다. 그 결과로 중력에 의해 시공간이 휘어집니다.

시공간에서 두 점의 간격은 '계량'이라 불리는 양으로 측정합니다. 계량은 시공간의 거리를 측정하는 자 역할을 하고, 특수상대성 이론에서는 휘어져 있지 않은 평평한 시공간의 자가 됩니다.

일반상대성 이론에서는 기초 방정식인 아인슈타인 방정식이 시공간(중력)과 물질의 진화를 결정합니다. 이 방정식으로 블랙홀, 우주의 진화, 중력파 등 여러 중력 현상을 유도할 수 있습니다.

일반공변성의 원리 이미지

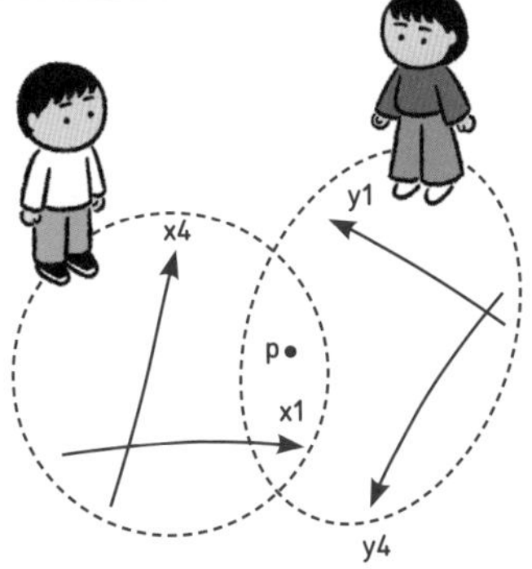

관측자는 시공간을 잡아당기는 좌표계 그 자체다. 어떤 관측자가 보더라도, 즉 어떤 좌표계에서 보더라도 물리 법칙이 같은 형태로 성립한다는 원리가 일반공변성의 원리다. 일반상대성 이론에서는 '다양체'라는 사고방식을 이용한 리만 기하학이라는 수학을 사용한다.

아인슈타인 방정식

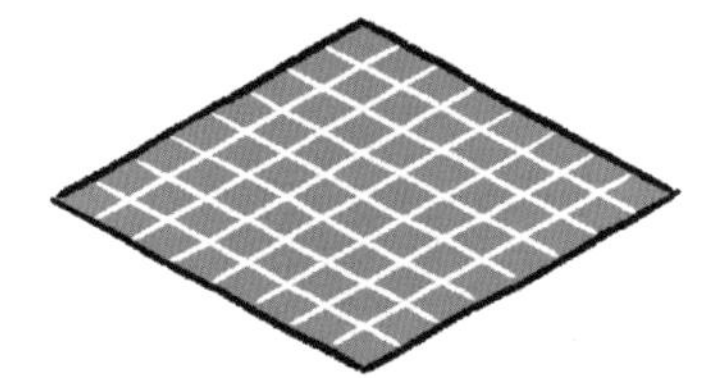

휘어지지 않은 평탄한 시공간을 민코프스키 시공간이라고 하며, 특수상대성 이론에서 다루는 시공간이다.

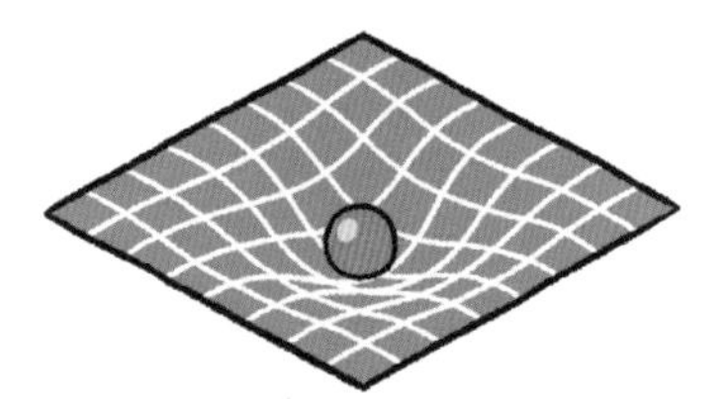

질량이 있는 물체는 시공간을 일그러지게 한다. 이것이 일반상대성 이론에서 중력의 정체다.

(시공간의 일그러짐) 만유인력 상수
곡률
원주율

$$G_{\mu\nu} = \frac{8\pi G}{c^4} T_{\mu\nu}$$

광속도 물질

아인슈타인 방정식은 일반상대성 이론의 기초 방정식이다. 좌변은 시공간의 일그러짐(중력)을, 우변은 물질을 나타낸다. 시공간의 일그러짐(중력)이 물질의 운동과 진화에 영향을 주고, 거꾸로 물질이 시공간의 일그러짐인 중력을 결정한다.

중력이 센 곳에서는 시간이 느리게 흐른다

--------- 특수상대성 이론에 따르면 빠르게 움직이는 사람의 시간은 느리게 흐릅니다. 일반상대성 이론에 따르면, 중력이 센 곳에서도 시간 흐름이 느려집니다.

질량이 큰 별의 중력에 의해 휘어진 빛을 상당히 멀리 있는 사람이 본다고 합시다. 중력에 의해 휘어진 공간을 빛이 진행하므로, 별에 가까울수록 빛이 진행하는 거리는 짧아집니다. 즉 멀리 있는 사람이 볼 때 광속도는 중력이 작용하는 장소에 따라 달라지며, 별에서 먼 곳보다 가까운 곳에서 느려집니다.

한편 빛과 함께 낙하하는 사람은 중력을 느끼지 못하므로 눈앞의 빛은 초속 30만 km라는 속도로 진행하는 것처럼 보입니다. 빛이 진행한 거리는 광속도에 시간을 곱해서 구할 수 있습니다. 따라서 별에서 먼 곳에서 빛과 함께 낙하하는 사람과 비교한다면, 가까운 곳에서 빛과 함께 낙하하는 사람에게 광속도는 변하지 않고 시간 흐름이 느려졌다고 느껴집니다.

중력이 강한 곳일수록 시간의 흐름은 느려집니다. 질량을 갖는 물체가 만드는 중력은 시간과 공간을 일그러지게 합니다.

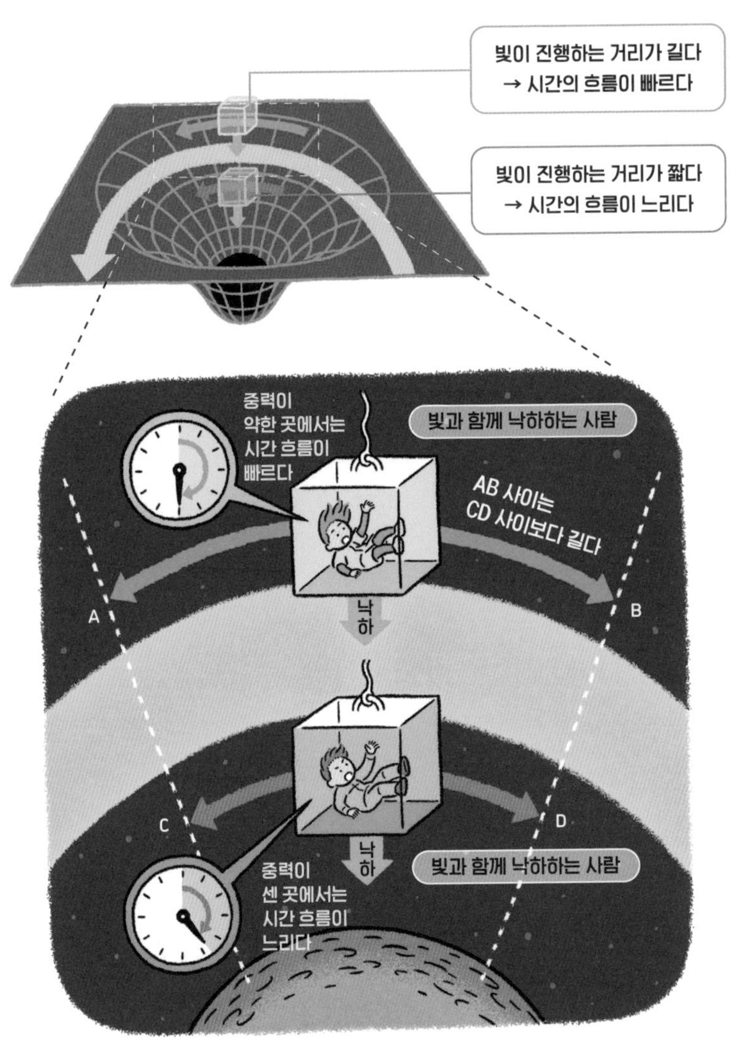

중력이 센 곳에서는 약한 곳보다 시간 흐름이 느려진다

시공간의 일그러짐은 파동이 된다?

--------- 일반상대성 이론에는 시공간의 일그러짐이 파동처럼 전달되는 중력파라는 현상이 있습니다. 1916년에 아인슈타인이 중력파 존재를 처음으로 예언했습니다. 질량을 갖는 물체가 운동했을 때, 시공간의 일그러짐이 파동이 되어 주위에 빛의 속도로 퍼져 가는 현상이 중력파입니다.

중력파는 파동 형태에 따라 크게 네 가지로 나뉩니다. 블랙홀이나 중성자별처럼 밀집성끼리 합체하면 처프(chirp) 신호가 만들어집니다. 이것은 진동수와 진폭이 커져가는 파동입니다.

별이 죽을 때 일어나는 초신성 폭발에서는 순간적인 버스트(burst) 신호가 만들어집니다.

그리고 중성자별 회전에서는 주파수가 일정하고 긴 연속적 신호인 연속파가 만들어집니다.

우주 초기의 급팽창인 인플레이션에서는 랜덤하게 중첩되는 배경 중력파가 만들어집니다.

기존 천문학에서는 우주에서 오는 빛을 광학 망원경으로 보면서 우주와 천체 모습을 밝혔습니다. 하지만 블랙홀끼리 합체하면 빛이 나오지 않습니다. 따라서 중력파를 관측하면 빛으로는 볼 수 없었던 우주 모습까지 볼 수 있습니다.

중력파의 이미지

밀집성(compact star) 쌍성으로부터 중력파가 시공간의 일그러짐의 형태로 방사되는 모습의 이미지. 두 별이 중력으로 이어진 천체를 쌍성이라고 한다. 밀집성(중성자별이나 블랙홀) 쌍성은 서로 주위를 돌면서 중력파를 방출하며 접근하다가 마침내 합체한다. 이것을 밀집 쌍성 합체라고 한다. 특히 블랙홀이 합체하는 것을 블랙홀 쌍성 합체라고 한다.

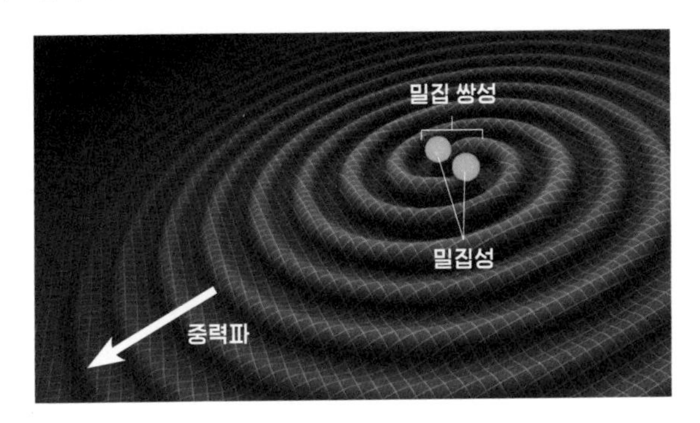

중력파의 파원

중력파는 파의 형태에 따라 크게 네 가지로 나뉜다. 처프 신호는 쌍성 합체에서 나온다. 순간적인 버스트 신호의 대표적인 파원은 초신성 폭발이다. 연속파의 대표적인 파원은 중성자별의 회전이다. 랜덤한 배경 중력파에는 이런 중력파가 많이 중첩된 천문학적인 파원과 우주 초기의 인플레이션에서 생성된 우주론적인 파원이 있다. 이 중 처프 신호와 배경 중력파는 현재 실제로 관측되었다.

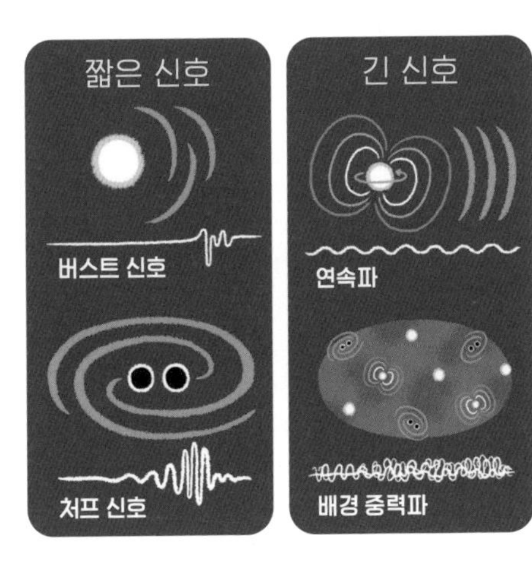

중력파를 관측하는 데 걸린 시간은 100년

-------- 우주와 천체에서 격렬한 현상이 일어나면 비교적 큰 중력파가 방출됩니다. 하지만 이때도 중력파 효과는 매우 작기 때문에 그 존재를 확인하기가 어려웠습니다. 계량은 시공간의 거리를 결정하는 자와 같은 역할을 하는데, 이것이 파동처럼 진동하면 물질과 물질 사이의 거리도 파동처럼 변화합니다. 중력파는 태양과 지구 사이의 거리(약 1억 5천만 km)를 수소 원자 한 개(0.1nm) 길이 정도밖에 변화시키지 못합니다. 이런 물체의 거리 변화를 레이저 빛으로 정밀하게 측정해서 중력파를 검출할 수 있게 되었습니다.

2015년 9월에 처음으로 두 블랙홀이 합체하면서 생긴 중력파를 확인했습니다. 중력파의 존재를 확인하는 데에 아인슈타인이 예언하고부터 무려 100년 가까이 걸린 것입니다.

참고로 빛의 색이 다르듯이 중력파도 파원에 따라 주파수가 달라집니다. 여러 주파수를 갖는 중력파를 포착하기 위해 미국의 LIGO(라이고), 유럽의 Virgo(비르고), 일본의 KAGRA(카그라) 같은 지상 망원경을 설치했을 뿐 아니라 우주공간에 망원경을 쏘아 올리는 등 여러 계획이 진행되고 있습니다.

중력파 검출 원리

중력파는 레이저 빛을 사용해 거울 사이의 거리를 측정해서 검출한다. 이 빛은 반투명 거울에서 두 방향으로 갈라져 각각 거울에서 반사되어 다시 반투명 거울에서 겹친다. 빛은 파동이므로 중력파로 인해 거울 위치가 달라지면, 겹치는 정도도 변화하므로 빛의 밝기도 변화한다. 이 전기 신호를 중력파 신호로 변환해서 검출한다.

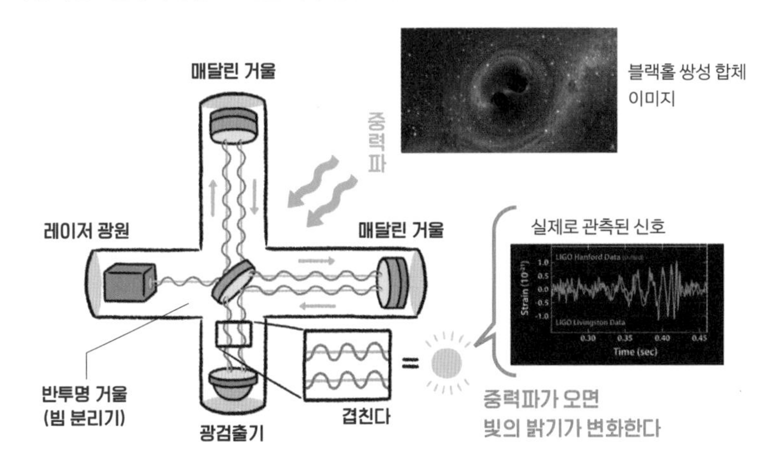

중력파의 주파수

전자기파인 빛이 주파수에 따라 색이 다르듯이, 중력파도 파동이므로 주파수에 차이가 있다. 중력파의 주파수는 중력파를 만드는 현상의 시간 규모를 따른다. 느린 현상에서는 파장이 길고 느긋한 중력파가 만들어진다. 어떤 주파수의 중력파라도 빛의 속도로 전파한다.

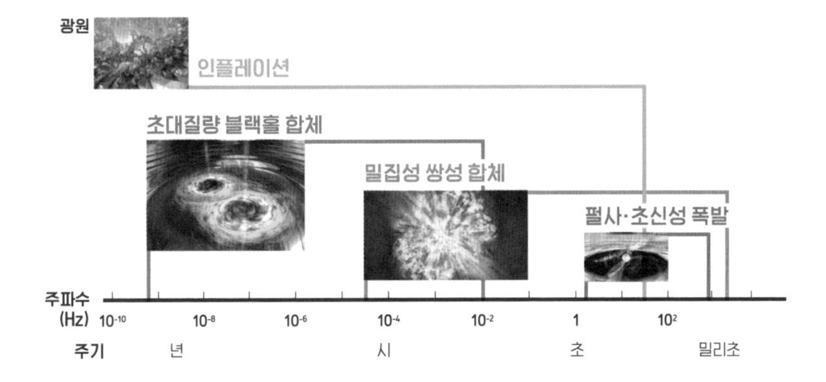

일반상대성 이론은 '강한 중력 때문에 어떤 물질이나 빛도 탈출할 수 없는 영역의 존재'를 예측했습니다. 1967년 미국 물리학자 존 휠러는 이 영역에 블랙홀이라는 이름을 붙였습니다.

별을 옆으로 통과하는 빛은 중력으로 인한 시공간의 일그러짐 때문에 휘어지지만, 블랙홀 안에 들어간 빛은 두 번 다시 나올 수 없습니다. 이 블랙홀 안쪽과 바깥쪽의 경계를 사건의 지평선이라고 합니다.

더 정확히 표현하면 무한하게 멀리 있는 사람이 빛으로 볼 수 없는 시공간 영역을 블랙홀이라고 하며, 그 경계가 사건의 지평선입니다. 아주 멀리서 블랙홀 표면을 보면 강력한 중력 때문에 시간이 멈춘 것처럼 보입니다.

블랙홀은 빛을 내지 않는 암흑이므로 다른 천체처럼 천체가 내는 빛을 모아서 관측할 수는 없습니다. 하지만 블랙홀 주위를 둘러싼 강착원반이라는 물질은 고온이 되면 X선을 방출합니다. 1970년대에 X선을 강하게 내는 천체인 백조자리 X-1을 관측해서 블랙홀의 존재를 간접적으로 확인했습니다.

블랙홀이 만들어내는 시공간의 일그러짐

항성이 만드는 시공간의 일그러짐이 빛의 진로를 휘게 만든다.

블랙홀이 만들어내는 강력한 시공간의 일그러짐에 의해 일단 블랙홀에 들어간 빛은 밖으로 나올 수 없다.

블랙홀의 시공간 그림

슈바르츠실트 블랙홀(86쪽 참고)의 시공간 그림(펜로즈 그림)이다. 세로 방향이 시간, 가로 방향이 공간의 펼쳐짐을 나타낸다. 블랙홀 내부와 외부 경계가 사건의 지평선이다. 에너지 밀도가 무한대가 되는 시공간의 특이점은 블랙홀 중심에 있다.

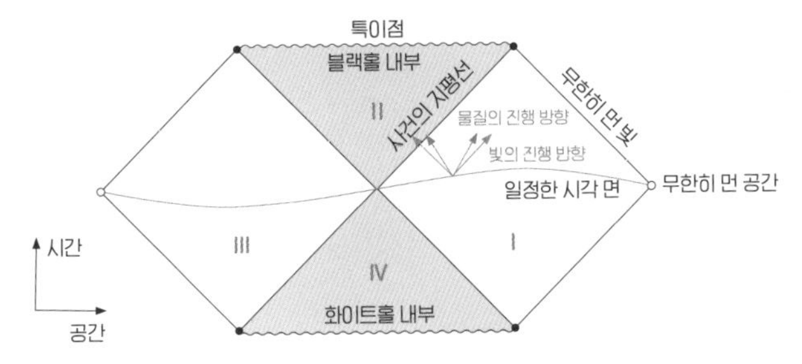

블랙홀의 이미지

블랙홀 자체는 빛을 내지 않는다. 블랙홀 주위에 내려앉은(강착) 물질을 관측해서 간접적으로 블랙홀의 존재를 알 수 있다.

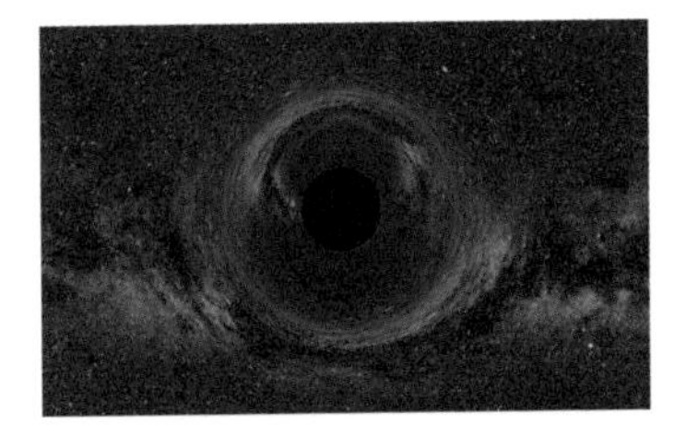

memo 일본 우주물리학자인 오다 미노루는 X선 관측을 통해 "백조자리 X-1이 블랙홀일지도 모른다."라고 지적했습니다.

블랙홀에는 털 세 가닥이 자란다

--------- 블랙홀에도 종류가 있을까요? 이 질문에 대한 답은 아인슈타인 방정식을 특정한 조건에서 풀면 구할 수 있습니다. 블랙홀 유일성 정리란 아인슈타인 방정식으로 풀 수 있는 블랙홀의 해에 대한 정리입니다. 이 정리에 따르면 일반상대성 이론의 블랙홀에서 관측할 수 있는 양은 질량, 전하, 각운동량 이렇게 세 가지입니다. 각운동량이란 회전하는 세기를 나타내는 양으로 스핀이라고도 합니다.

이 세 가지 외의 모든 정보는 사건의 지평선 안에 떨어져서 소실되므로 외부에서는 관측할 수 없습니다. 이것을 무모 정리(no-hair theorem)라고도 부릅니다. 통상적인 물체가 갖는 여러 성질을 수북한 털에 비유한다면 블랙홀에는 질량, 전하, 각운동량밖에 없으므로 세 가닥의 털밖에 없다고 표현하기도 합니다.

이 세 가지 성질에 따라 블랙홀 종류가 나뉩니다. 전하도 없고 회전도 하지 않는 블랙홀은 슈바르츠실트 블랙홀, 회전만 하는 것은 커 블랙홀, 전하만 갖는 것은 라이스너-노르드스트룀 블랙홀, 전하를 갖고 회전도 하는 블랙홀은 커-뉴먼 블랙홀이라고 합니다.

블랙홀의 털

블랙홀에는 질량과 전하, 각운동량(스핀)이라는 세 가지 성질만 있다. 이것을 블랙홀 유일성 정리라고 한다. 블랙홀에 빨려 들어가면 물체의 다른 여러 특징을 잃어버린다.

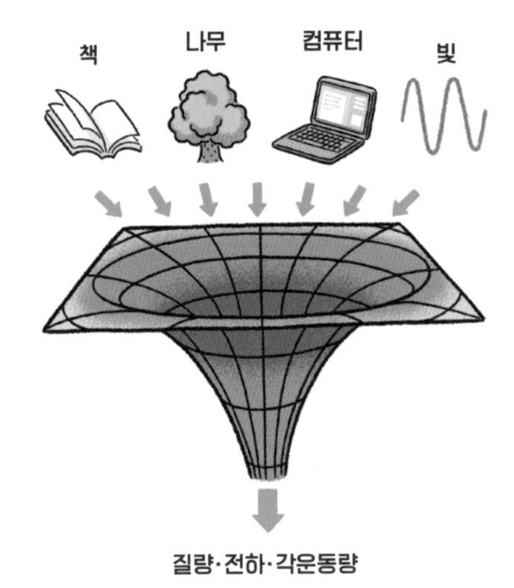

블랙홀의 종류

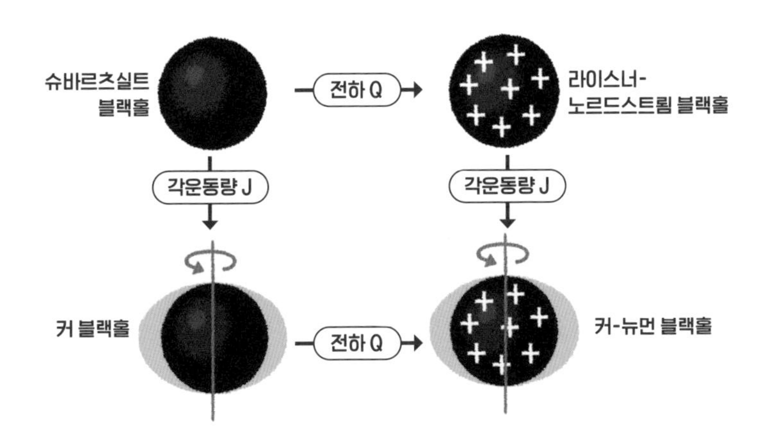

블랙홀은 성질에 따라 명칭이 달라진다. 아인슈타인 방정식을 특정 조건에서 풀면 이런 블랙홀의 해를 구할 수 있다.

천체는 자체 중력으로 붕괴한다

--------- 천체의 자체 중력을 자기 중력이라 부르고, 자기 중력으로 인해 수축하는 현상을 중력 수축 또는 중력 붕괴라고 합니다. 은하가 형성되는 과정, 분자 성운 안에서 원시별이 탄생하는 과정, 별의 진화 최종 단계에서 초신성 폭발이 일어나는 과정 등이 전부 중력 수축입니다.

별의 진화 최종 단계에서는 핵융합 반응에 의한 에너지 발생이 적어지거나 사라져서 반발력이 작아졌을 때 중력 수축이 일어납니다. 이 단계에서 항성이 지탱할 수 있는 질량에는 한계가 있습니다. 이 자기 중력을 지탱할 수 없게 되면, 천체는 사건의 지평선(블랙홀 안쪽과 바깥쪽의 경계) 안에 짓눌려서 블랙홀이 됩니다.

중력 수축하는 표면에 있는 사람이 보면, 유한한 시간 동안 표면은 사건의 지평선을 결정하는 반지름 안으로 들어가서 블랙홀이 됩니다. 그리고 유한한 시간이 지나면 별 표면의 면적은 제로, 에너지 밀도는 무한대가 되어 시공간의 특이점이 됩니다. 시공간 특이점이 생기는 것은 별 표면이 사건의 지평선 안으로 붕괴한 후이므로, 밖에서 보는 사람에게는 시공간의 특이점이 보이지 않습니다.

별의 진화

중력에 의한 수축은 우주 진화의 여러 상황에서 나타난다. 별의 진화에서도 중력 수축은 원시별의 탄생이나 무거운 별이 진화하는 최종 단계인 초신성 폭발 등에서 일어난다. 별의 질량은 별의 진화에 큰 영향을 준다. 별이 일생을 마쳤을 때 방출하는 원소는 성간가스가 되고, 그 상태에서 다시 별이 탄생한다.

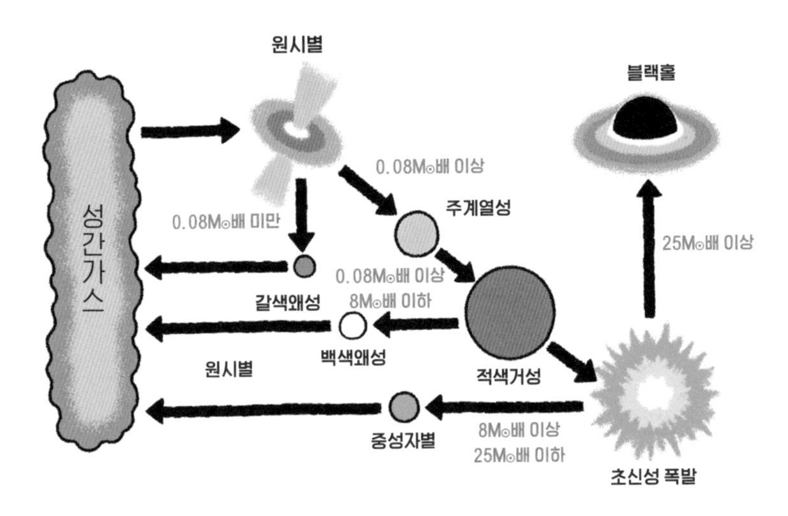

중력 붕괴와 시공간 그림

중력 붕괴를 시공간 그림에서 표현한 모습이다. 별이 붕괴한 물질은 중력 붕괴로 수축하며 마침내 사건의 지평선 안으로 빨려 들어가서 블랙홀이 된다. 이때 중심에는 물리 법칙이 성립하지 않는 점인 '특이점'이 생기지만, 사건의 지평선 안에 숨겨져 있으므로 밖에서는 볼 수 없다.

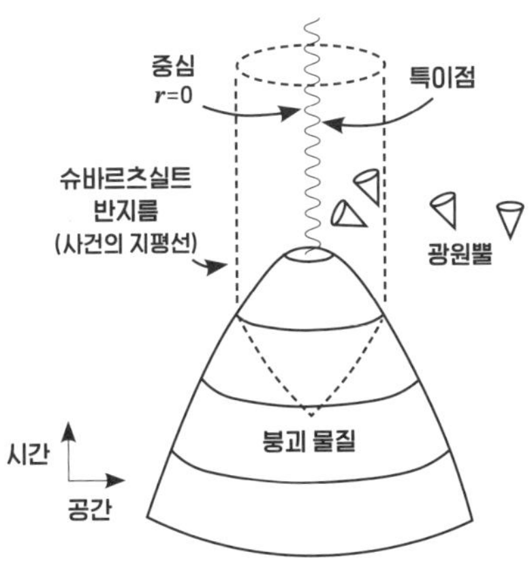

블랙홀에 떨어지면 어떻게 될까?

--------- 사람이 블랙홀에 떨어지면 어떻게 될까요? 앞서 배운 블랙홀의 여러 종류 중 슈바르츠실트 블랙홀을 예로 들어 생각해 봅시다.

블랙홀에 떨어지는 사람을 멀리서 보면 사건의 지평선에 가까워질수록 속도가 느려지다가 사건의 지평선에서 멈춰 있는 것처럼 보입니다. 하지만 블랙홀에 떨어지는 사람에게는 시간이 멈추거나 하는 이상 현상은 일어나지 않고, 유한한 시간 안에 블랙홀 내부로 들어갑니다.

블랙홀의 질량이 태양과 같은 정도라면 사건의 지평선 중심으로부터의 위치를 결정하는 슈바르츠실트 반지름은 작아집니다. 그러면 발끝에 가해지는 중력이 머리에 가해지는 중력보다 커지므로 몸은 조석력에 의해 가늘고 길게 늘어지게 됩니다.

질량이 큰 초대질량 블랙홀이라면 슈바르츠실트 반지름도 커지므로 거의 영향이 없습니다. 그래서 이론적으로는 사람이 산 채로 사건의 지평선을 통과할 수 있습니다.

다만 블랙홀 중심에는 중력장이 무한대가 되는 점인 특이점이 있습니다. 따라서 사람이 사건의 지평선을 무사히 통과해 블랙홀 안에 들어가더라도, 최종적으로는 특이점에 도달해서 한없이 작게 찌그러져 버릴 것이라 추측하고 있습니다.

블랙홀에 빨려 들어가면

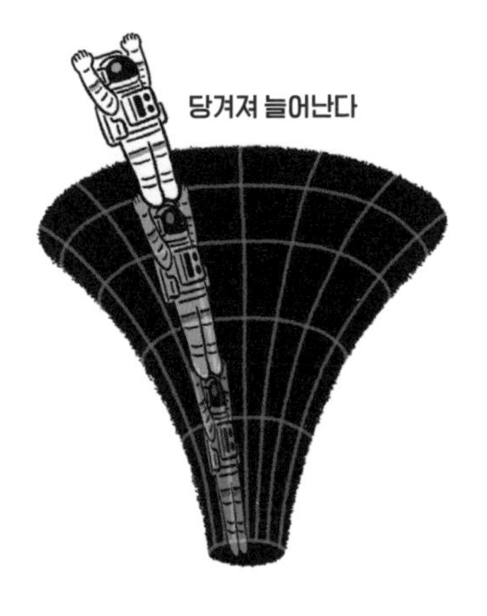

블랙홀에 빨려 들어가는 사람이 보기에는 유한한 시간 안에 사건의 지평선에 도달해서 그 안으로 들어갈 수 있다.

블랙홀에 떨어지는 사람을 멀리서 보면, 중력으로 인한 시간의 느려짐 현상으로 블랙홀 표면에서는 시간이 멈추기 때문에 정지해 있는 것처럼 보인다.

블랙홀과 조석력

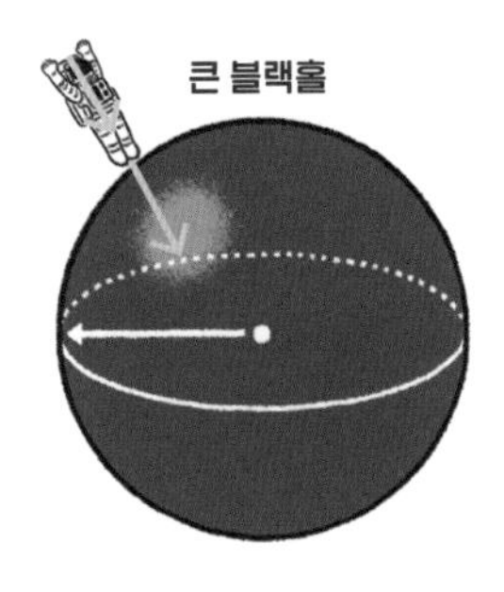

태양질량 정도로 비교적 작은 블랙홀은 반지름이 작으므로 블랙홀 가까이에서는 다리와 머리에 가해지는 중력에 큰 차이가 생긴다. 블랙홀에 떨어지는 사람은 이런 조석력에 의해 당겨져 늘어나 버린다.

마치 은하 중심에 있는 것과 같은 초대질량 블랙홀은 반지름도 크다. 따라서 조석력의 효과도 작아지므로 당겨져 늘어나는 일은 없다.

블랙홀 주위에서 밝게 빛나는 원반의 정체는?

\- - - - - - - - 블랙홀은 주위 물질의 영향을 받아 다양한 구조를 띱니다. 블랙홀과 항성이 서로 주위를 도는 연성계에서는 블랙홀이 강력한 중력으로 항성 바깥층의 가스를 당겨서 뽑아갑니다. 가스는 바로 빨려가지 않고, 고속으로 회전하면서 낙하합니다.

이처럼 무거운 천체의 중력에 당겨져서 주위로부터 물질이 낙하하는 현상을 강착이라고 합니다. 그리고 강착한 가스가 천체 주위에 만드는 원반 모양의 구조를 강착원반이라고 합니다. 블랙홀 자체는 빛을 내지 않지만, 가스가 블랙홀의 강착원반에 빨려 들어갈 때 강한 X선이 방출됩니다.

블랙홀이 물질을 빨아들일 때 그 일부를 양쪽 극 방향으로 광속에 가까운 빠르기로 분출하는 현상을 제트(jet)라고 합니다. 제트가 만들어지는 원리는 아직 알려지지 않았지만, 블랙홀 주변의 강력한 자기장에 의해 가속된다고 여겨집니다.

강착원반이나 제트에서 나온 빛은 블랙홀의 강력한 중력에 의해 휘어지므로 어두운 그림자 주위에 밝게 빛나는 고리(광자구)가 있는 것처럼 보입니다.

블랙홀 주위 구조

블랙홀은 중력으로 물질을 끌어당겨서 주위에 두르고 있으며 강착원반, 광자구, 고속 제트 등 여러 구조를 가진다. 블랙홀 자체는 빛나지 않지만, 블랙홀 주위의 이런 물질에서 나오는 빛은 망원경으로 관측할 수 있다.

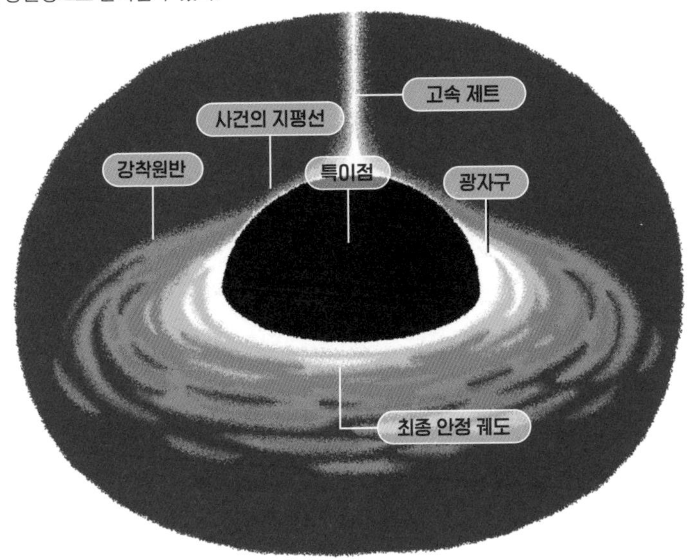

블랙홀 사진

사건의 지평선 망원경(EHT. Event Horizon Telescope)이 촬영한 처녀자리의 타원 은하인 M87 중심의 초대질량 블랙홀.(2019년 4월 촬영) 밝게 보이는 물체는 광자 고리라고 불리며, 블랙홀 중력에 의해 진로가 크게 휘어진 빛이 블랙홀 주위를 감고 있는 것이다. 블랙홀이 있다고 여겨지는 중심의 어두운 부분은 블랙홀 그림자라고 부른다.

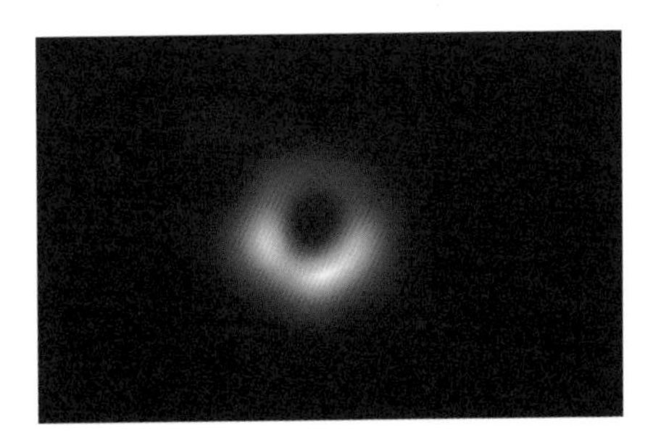

memo 블랙홀의 강착원반 안쪽 가장자리는 블랙홀 주위를 안정적으로 돌 수 있는 가장 안쪽 영역이며 '최종 안정 궤도'라고 합니다.

은하 중심에는 초거대 블랙홀이 있다

--------- 블랙홀은 질량으로도 분류할 수 있습니다. 예를 들어 태양의 몇십 배나 되는 질량을 갖는 항성질량 블랙홀, 태양의 100만 배 이상의 질량을 갖는 초대질량 블랙홀, 그 중간쯤인 태양의 수천 배에서 10만 배 정도의 질량을 갖는 중간질량 블랙홀이 있습니다.

우리가 있는 은하계를 비롯해 대부분 은하의 중심에는 초대질량 블랙홀이 존재한다고 여겨집니다. 하지만 그것들이 어떻게 만들어졌는지는 알려지지 않았습니다.

블랙홀의 성장 속도에는 한계가 있다고 합니다. 지금까지 발견된 블랙홀 중에서 가장 멀리 있는 초대질량 블랙홀은 지구에서 약 130억 광년인 곳에 있습니다. 이 사실로부터 추측할 수 있는 점은 우주 탄생 후 10억 년 안에 초대질량 블랙홀이 만들어졌어야 한다는 것입니다.

그래서 우주에서 가장 먼저 탄생한 최초의 별이 중력 붕괴해서 만들어진 블랙홀이 시초라는 설, 초대질량 별의 중력 붕괴로 생긴 블랙홀이 시초라는 설, 성단 내부에서 많은 별과 합체한 대질량 별이 중력 붕괴해서 만들어진 블랙홀이 시초라는 설 등 첫 블랙홀에 관한 여러 가지 주장이 있습니다.

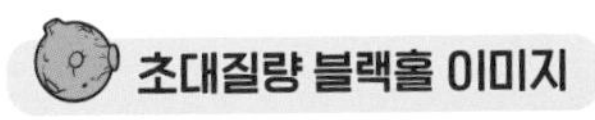

초대질량 블랙홀 이미지

초대질량 블랙홀의 강한 중력 때문에 천체로부터 나와서 그 옆을 통과하는 빛은 진로가 휘어진다. 그래서 천체의 모습은 이런 중력렌즈 효과에 의해 왜곡되거나 여러 개가 된다.

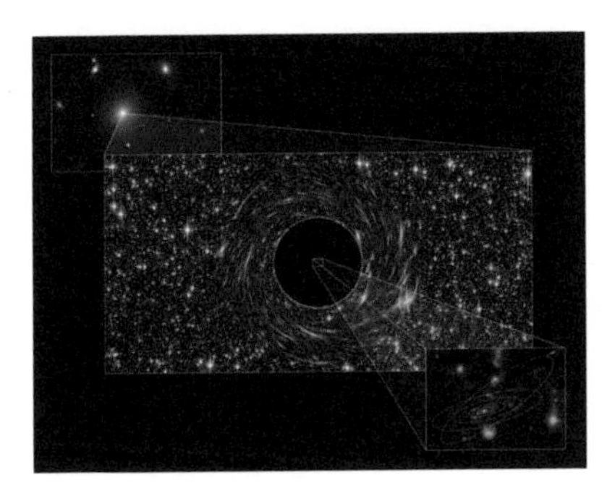

초대질량 블랙홀 형성 시나리오

초대질량 블랙홀이 어떻게 형성되었는지 확실하게 알 수는 없지만, 우주 초기에는 이미 초대질량 블랙홀이 만들어져 있다는 것을 관측했다. 우주가 탄생하고 나서 초대질량 블랙홀이 만들어진 것을 설명하기 위해 최초의 별의 중력 붕괴나 초대질량 별의 중력 붕괴, 성단 내부에서 많은 별이 합체한 대질량 별의 붕괴 등 다양한 시나리오를 연구하고 있다.

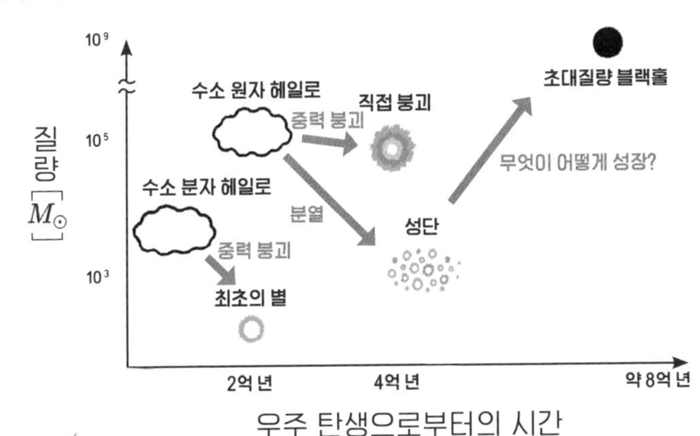

memo 블랙홀은 주위 가스를 빨아들이거나, 블랙홀끼리 합체해 질량을 늘려서 성장합니다.

일반상대성 이론이 바뀔 수도 있다?

--------- 일반상대성 이론은 여러 실험이나 관측을 통해 기본적인 중력 이론으로 널리 받아들여지고 있습니다. 하지만 여전히 남겨진 우주의 수많은 수수께끼를 해결하려면 일반상대성 이론을 수정해야 할 수도 있습니다.

우주가 시작된 때처럼 중력과 양자론 양쪽이 효과적인 영역을 논의하려면 중력과 양자론을 조화시켜 양자중력론을 구축해야 합니다. 그러려면 미시 세계에서도 이론이 잘 적용되도록 일반상대성 이론을 수정해야 합니다. 그리고 일반상대성 이론을 실험이나 관측으로 검증하기 위해서도 일반상대성 이론과 어긋난 부분을 조사하려면 확장된 이론이 필요합니다.

이처럼 우주의 수수께끼 해명, 양자중력 이론 구축, 일반상대성 이론 검증을 목표로 일반상대성 이론을 확장한 다양한 중력 이론(확장중력이론)이 제안되었습니다.

중력 이론은 '새로운 장을 추가한다', '고차원을 생각한다', '고계 미분을 포함한다', '일반공변성 원리를 깬다', '다른 기하학을 다룬다' 등과 같이 일반상대성 이론의 가설을 깨뜨려서 만듭니다.

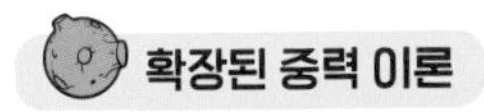

확장된 중력 이론

일반상대성 이론을 확장한 중력 이론을 확장중력이론(수정중력이론)이라고 한다. 일반상대성 이론을 구축하는 데 사용한 가정을 수정해서 여러 중력 이론으로 확장한다. 아래 그림에서 소개하는 영어명은 전부 이론의 이름이다.

새로운 장

시공간 각 점에 분포하는 물리량을 장이라고 한다. 스칼라장, 벡터장, 텐서장 등 새로운 장을 추가해서 일반상대성 이론을 확장한다.

높은 미분 계수

일반상대성 이론에서는 미분을 2계 미분까지만 다룬다. 미분이란 물리량이 시간이나 공간 방향으로 얼마나 급하게 변화하는지를 구하는 수학적 작업이다. 2계란 미분 작업을 두 번 실시하는 것이다. 더 많은 횟수를 미분해서(고계) 일반상대성 이론을 확장한다.

고차원

일반상대성 이론에서는 4차원 시공간을 다룬다. 5차원 이상 차원을 생각해서 일반상대성 이론을 확장한다.

기하학 변경

일반상대성 이론에서는 준 리만 기하학으로 불리는 기하학을 사용한다. 기하학이란 도형이나 공간의 성질을 연구하는 수학 분야다. 다른 기하학으로 일반상대성 이론을 확장한다.

COLUMN

수학을 싫어하는 사람이 수학을 즐기는 방법

물리학 같은 자연과학을 배울 때 아마 많은 사람을 곤란하게 만드는 것이 '수식'일 겁니다. 아이부터 어른까지 "우주나 물리에 관심은 있지만 수학이 싫어서요…."라는 상담을 자주 받습니다. 그럴 때마다 저는 "처음부터 전부 이해하려고 하지 말고, 그림을 보듯이 즐기면 된다"라고 대답하고 싶습니다.

예를 들면, 미술관에서 그림을 볼 때 시대 배경이나 기법 등 그림에 관한 여러 정보를 전부 이해하고서 그림을 즐기려는 사람은 많지 않겠죠. 그렇게 하면 미술관에 있는 그림을 전부 보기도 전에 미술관이 문을 닫을 겁니다. 예쁜 그림을 보고 '이 그림은 왠지 좋아'라고 느끼듯이, 물리학에 등장하는 수식도 일단 '이 부분이 시공간, 이 부분이 물질을 나타내는 건가? 뭔가 대단하네'라고 이해하는 범위에서 즐기면 됩니다.

지나치게 수식에 신경을 쓰다가 많은 연구자가 평생을 바쳐 발견한 놀라운 자연법칙들을 놓쳐버리는 것은 아까운 일입니다. 어려운 내용은 나중에 시간과 흥미가 있을 때 천천히 배우면 됩니다. 수학 같은 학문도 예술이나 스포츠처럼 누구나 부담 없이 즐길 수 있기를 바랍니다.

CHAPTER

3

차근차근 풀어가는 우주의 수수께끼들

맨 처음 우주는 언제, 어떻게 생겨났을까?
우주는 어떤 모습일까? 우주는 얼마나 클까?
암흑물질이란 뭐지?
이렇게 호기심이 꼬리에 꼬리를 물면 잠이 오지 않을 겁니다.
이해하기 어려울 만큼 너무나 장대한 우주의 수수께끼에 다가가 봅시다.

한순간에 엄청나게 팽창했다! 우주의 진화와 역사

--------- 우주가 어떻게 태어났는지 생각해 본 적 있나요? 일반상대성 이론에서 시공간은 물질과 함께 변화한다는 것을 밝혀낸 이후, 일반상대성 이론을 모든 우주에 적용해서 우주공간 전체와 물질의 진화를 생각할 수 있게 되었습니다. 이처럼 우주의 탄생과 진화, 미래의 모습에 다가가는 연구 분야를 우주론이라고 합니다.

빌렌킨 가설에서는 우주가 지금부터 약 138억 년 전에 시간도 공간도 존재하지 않는 무(無)에서 탄생했다고 생각합니다. 그리고 우주가 탄생하고 나서 10^{-36}초 후부터 10^{-34}초 사이의 아주 짧은 순간에 크기가 10^{43}배로 급격하게 팽창했다고 주장합니다.

우주 초기의 이런 급격한 팽창을 인플레이션이라고 합니다. 인플레이션을 일으킨 에너지는 마침내 소립자나 빛으로 모습을 바꿨습니다. 이렇게 해서 탄생한 초고온·초고밀도의 우주 초기 상태가 흔히 말하는 '빅뱅'입니다.

그 뒤 우주는 천천히 계속 팽창하면서 식어갔습니다. 이 과정에서 원자가 만들어지고, 별이 탄생하고, 은하가 형성되어서 지금의 우주가 되었다고 봅니다.

우주의 역사

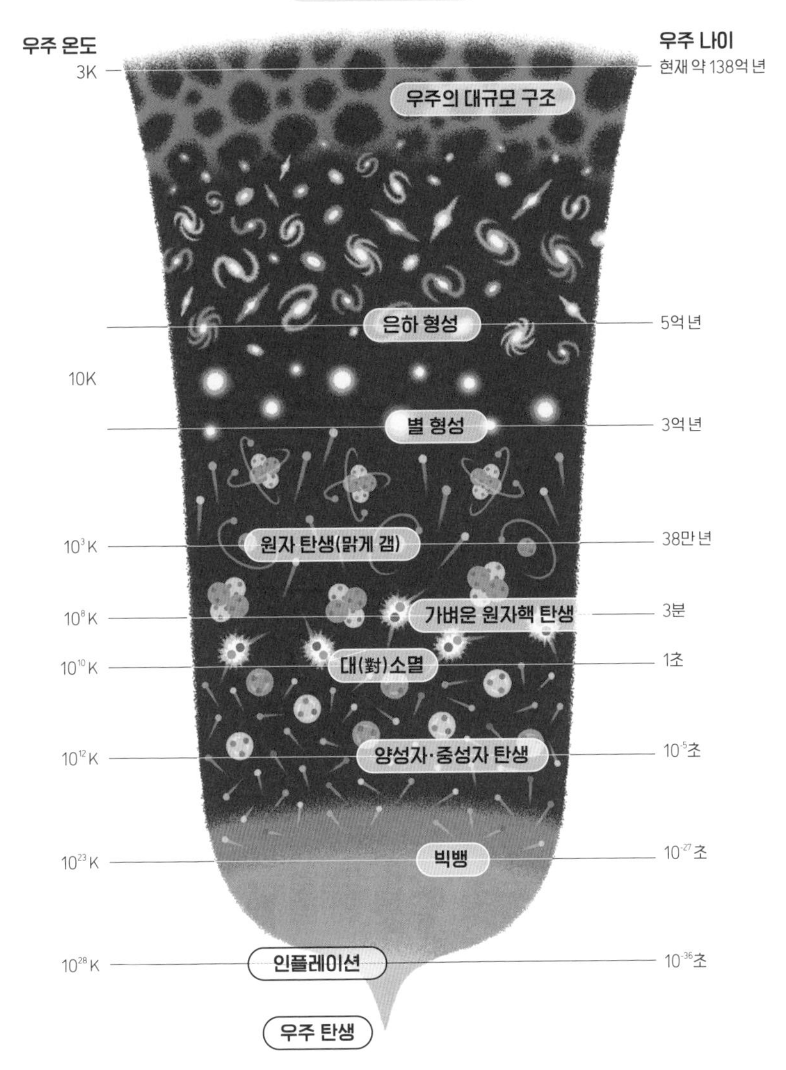

무에서 생겨났다고 여겨지는 우주는 급팽창을 거쳐 작열하는 빅뱅 우주가 되었고, 온도가 내려가면서 쿼크부터 양성자 및 중성자, 헬륨 원자핵이 만들어졌다. 이때 입자와 반입자는 대소멸로 사라지고, 아주 조금 남은 입자가 현재의 우주를 지배한다고 추측하고 있다. 그 후 이것들이 중력에 의해 모여서 별과 은하를 형성하고 우주의 대규모 구조를 이루었다.

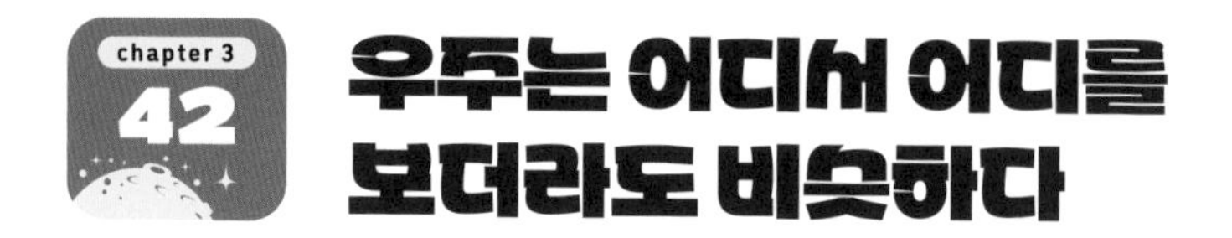

우주는 어디서 어디를 보더라도 비슷하다

--------- 현재 우주의 성립 또한 일반상대성 이론으로 생각할 수 있습니다. 일반상대성 이론 중에서 우주 모델을 구축하는 출발점이 되는 것은 우주원리입니다. 우주원리란 '우주에는 특별한 곳과 방향이 존재하지 않는다'라는 가정입니다. 전문 용어로 표현하면 '큰 규모에서 보면 우주는 공간적으로 균질하며 등방성을 가진다'라고 바꿔 말할 수 있습니다.

공간적 균질이란 우주의 성질이 공간적인 위치에 따라 다르지 않다는 것이고, 공간적 등방성이란 우주의 성질이 공간적인 방향에 따라 다르지 않다는 것입니다. 이 둘을 합쳐 균질등방성이라고도 합니다. 즉 우주는 넓은 범위에서 보면 어디를 가더라도, 어디를 향하더라도 같은 느낌이라는 말입니다.

균질등방성을 바탕으로 한 우주 모델을 균질등방우주 모델이라고 합니다. 균질등방우주 모델을 표현하는 시공간의 계량을 프리드먼-르메트르-로버트슨-워커 계량이라고 하며, 여기에는 스케일 인자(특정 시각에서 우주의 크기를 상대적으로 나타내는 양)가 나타납니다. 이 스케일 인자가 시간에 따라 어떻게 변화하는지를 보면 우주 전체의 진화를 추측할 수 있습니다.

균질등방성인 우주

우주는 크게 보면 균질하고 등방성을 띠고 있다. 물론 작게 보면 천체의 영향으로 성질이 달라질 수 있다.

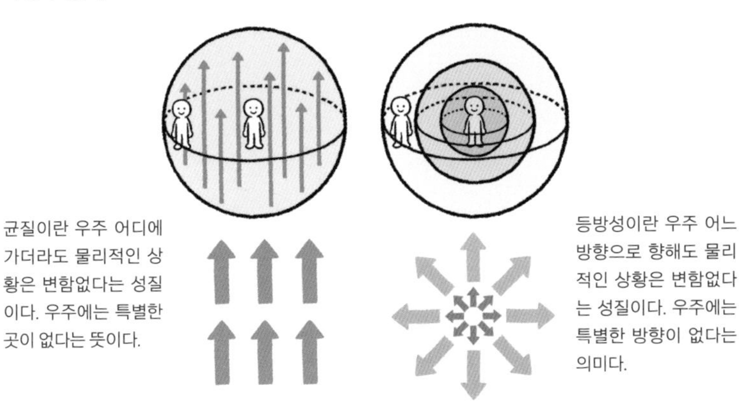

균질등방우주 모델

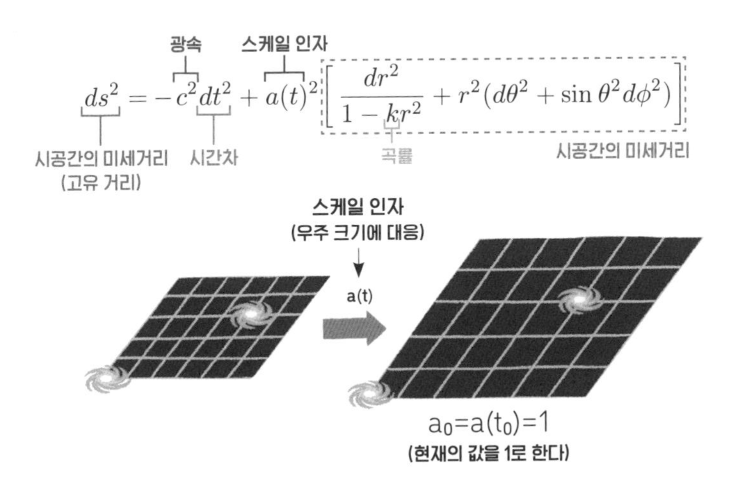

프리드먼-르메트르-로버트슨-워커 시공간은 머리글자를 따서 FLRW 시공간이라고도 한다. 우주 어딘가를 중심으로 우주가 팽창하는 것이 아니라, 풍선을 부풀렸을 때의 표면처럼 우주 팽창은 균질하게 공간의 눈금을 넓혀간다.

우주의 진화는 방정식으로 표현된다

--------- 우주의 진화를 알려면 아인슈타인 방정식을 풀어야 합니다. 그리고 좌변의 우주 시공간 모델과 우변의 물질 분포를 정해야 하지요.

시공간 모델은 프리드먼-르메트르-로버트슨-워커 계량으로 가정하고, 물질 분포는 점성과 열전도를 무시할 수 있는 완전 유체로 가정해서 아인슈타인 방정식을 써보면 우주 진화를 표현하는 방정식을 얻을 수 있습니다. 이 식을 프리드먼 방정식이라고 부릅니다. 프리드먼 방정식은 표준 빅뱅 우주 모델에서 우주 팽창을 표현하는 방정식입니다.

우주 모델을 결정하는 변수를 우주론 파라미터라고 합니다. 프리드먼 방정식에서는 우주 크기를 나타내는 스케일 인자, 우주의 휘어짐 정도를 나타내는 곡률, 우주의 물질 밀도와 압력, 우주상수가 우주론 파라미터에 포함됩니다.

우주론 파라미터를 정하면 우주의 진화는 프리드먼 방정식에 의해 저절로 결정됩니다. 그러므로 관측을 통해 우주론 파라미터의 양을 결정하는 것이 우주론 분야에서 매우 중요한 연구 주제입니다.

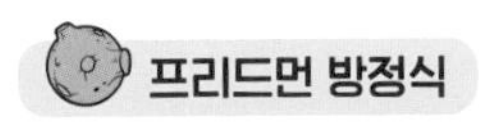

프리드먼 방정식

균질등방우주에 적용한 아인슈타인 방정식을 프리드먼 방정식이라고 하며, 균질등방우주의 진화를 나타낸다.

우주 팽창 속도 / 곡률 / 우주상수 / 물질의 밀도

$$\left(\frac{\dot{a}}{a}\right)^2 + \frac{kc^2}{a^2} - \frac{\Lambda c^2}{3} = \frac{8\pi G}{3}\rho$$

우주 팽창 가속도 / 물질의 압력

$$2\frac{\ddot{a}}{a} + \left(\frac{\dot{a}}{a}\right)^2 + \frac{kc^2}{a^2} - \Lambda c^2 = -\frac{8\pi G}{c^2}P$$

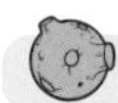

곡률과 우주상수와 스케일 인자

스케일 인자의 변화는 우주상수의 값에 따라 변화한다. 이 그림은 곡률과 우주상수의 값에 대해 스케일 인자가 어떻게 진화하는지를 보여준다. 우주의 진화를 알려면 우주론 파라미터의 양을 관측해서 측정하는 것이 중요하다.

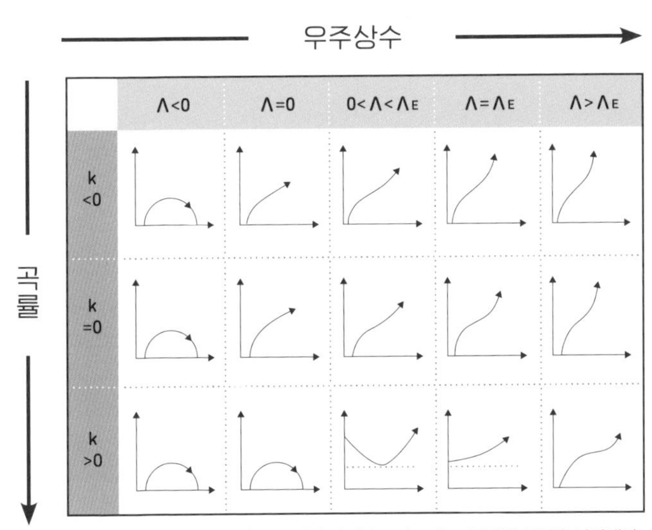

안에 있는 그래프의 세로축은 스케일 인자(우주의 크기), 가로축은 시간을 나타낸다.

우주의 형태는 시공간이 휘어진 정도로 정해진다

--------- 우주의 형태는 시공간의 곡률로 정해집니다. 곡률은 화살표로 표현되는 양의 평행 이동으로 특징지어집니다. 이를 벡터라고 합니다.

평탄한 공간에서는 닫힌곡선을 따라 화살표를 평행하게 이동해서 원래 위치로 돌아오면 당연히 원래 화살표와 일치합니다. 하지만 구면과 같이 휘어진 공간에서는 한 바퀴 돌고 오면 원래 화살표와 방향이 달라져 버립니다. 따라서 평행하게 이동한 양과 원래 양의 불일치 정도가 공간이 얼마나 휘어졌는지를 나타내는 곡률을 결정합니다.

균질등방우주 모델에 나타난 곡률도 공간의 휘어짐 정도를 표현합니다. 곡률 1은 구면 공간, 0은 평탄한 공간, -1은 쌍곡선 공간을 나타냅니다.(쌍곡선 공간은 원점에서 멀어짐에 따라 공간이 펼쳐지는 성질을 갖습니다.)

구면 공간은 닫힌 우주라고도 하며, 우리가 구면이라는 말을 들었을 때 상상하는 3차원 공간 속의 2차원 구면을 4차원 공간으로 확장한 3차원 구면을 나타냅니다. 평탄한 공간은 평탄한 우주라고도 하며 우리에게 친숙한 3차원 공간을 나타냅니다. 쌍곡선 공간은 열린 우주라고도 부르는데, 평탄한 공간과 비교하면 반지름이 커질수록 원둘레가 급격하게 길어지는 3차원 공간을 나타냅니다.

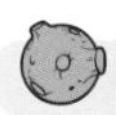

평행 이동과 시공간의 일그러짐(곡률)

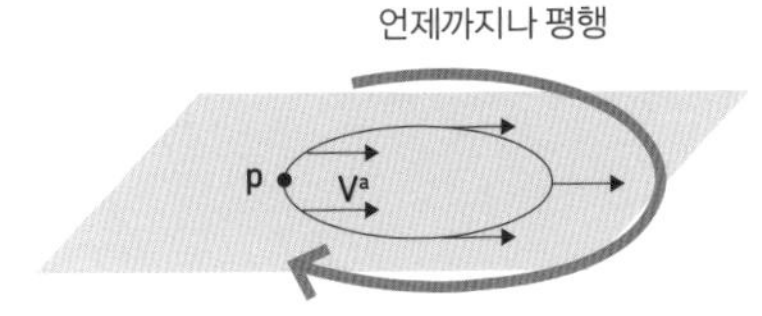

평탄한 공간에서 화살표(벡터)의 평행 이동은 경로에 따라 달라지지 않는다.

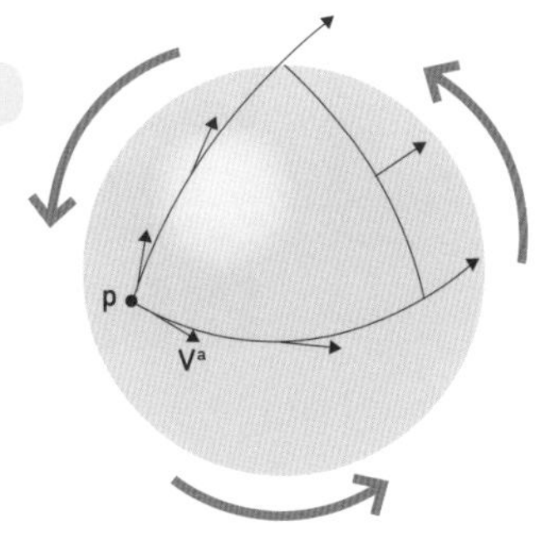

휘어진 공간에서는 화살표(벡터)를 평행으로 이동해서 원래 위치에 돌아오면, 처음의 화살표와 일치하지 않는 일이 생긴다. 바꿔 말하면 평행 이동을 통해 공간이 휘어진 정도인 곡률이 특징지어진다.

곡률과 우주의 형태

열린 우주

$\alpha + \beta + \gamma < 180°$

곡률이 -1인 우주는 열린 우주라고 하며, 평행한 두 직선은 점차 멀어져 간다. 원둘레 길이는 지름에 원주율을 곱한 값보다 길어지고, 삼각형 내각의 합은 180°보다 작아진다.

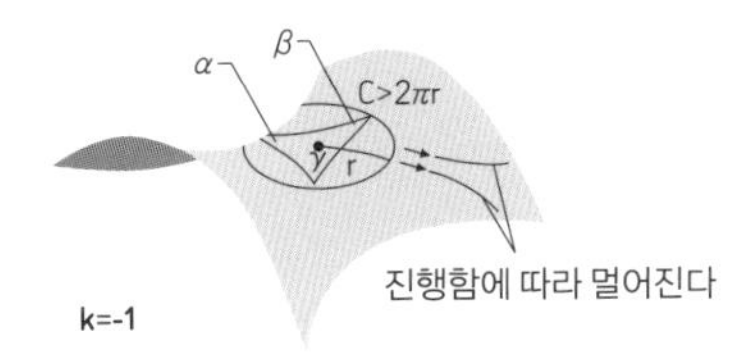

평탄한 우주

$\alpha + \beta + \gamma = 180°$

곡률이 제로인 우주는 평탄한 우주라고 한다. 평행한 두 직선은 어디까지라도 평행을 이룬다. 원둘레 길이는 지름에 원주율을 곱한 값이며, 삼각형 내각의 합은 180°이다.

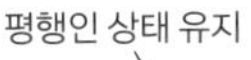

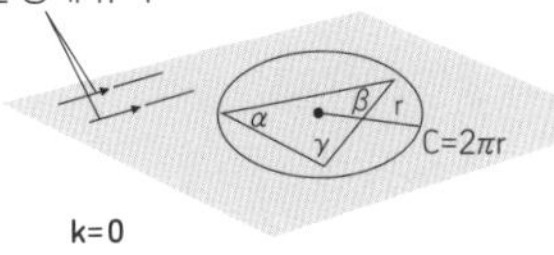

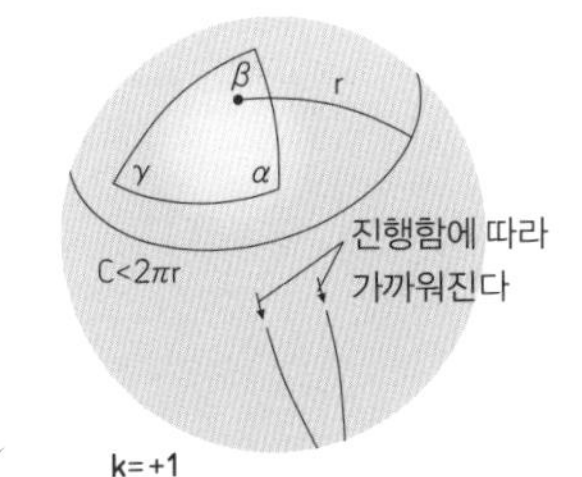

닫힌 우주

$\alpha + \beta + \gamma > 180°$

곡률이 1인 우주는 닫힌 우주라고 하며, 평행한 두 직선은 점차 가까워진다. 원둘레 길이는 지름에 원주율을 곱한 값보다 짧아지고, 삼각형 내각의 합은 180°보다 커진다.

memo 평탄한 보통 3차원 공간은 '유클리드 공간'이라고도 합니다. 중고등학교 수학 시간에 배우는 기하학은 유클리드 공간을 전제로 합니다.

아인슈타인은 원래 우주는 팽창하지 않는다고 생각했다

--------- 1916년에 아인슈타인이 발표한 방정식으로 우주가 팽창 또는 수축한다는 것을 알아냈습니다. 하지만 정작 아인슈타인은 '우주는 시간이 지나도 변화하지 않는 정적인 것'이라고 생각했습니다. 따라서 중력에 반발하는 가상의 힘인 우주항이라는 개념을 추가해서 정적인 우주를 설명하려고 했지요. 그러나 실제로는 우주가 팽창한다는 사실이 알려지자 우주항은 존재의 의미가 흐려졌습니다.

그 뒤 우주 팽창이 가속적이라는 사실이 발견되면서 가속 팽창의 메커니즘을 설명하기 위해 우주항이 다시 주목받게 되었습니다. 우주항은 진공이 갖는 에너지로 간주할 수 있으며, 진공 에너지 밀도가 양의 값이라면 압력은 음의 값이 되어 척력으로 작용합니다.

통상적인 물체에 작용하는 중력은 우주를 수축시키려 하므로, 우주의 가속 팽창은 통상적인 물체만으로는 설명할 수 없습니다. 하지만 음의 압력을 갖는 우주항은 우주를 팽창시키려는 힘으로 작용하므로, 우주의 가속 팽창을 설명해 줄 가능성을 담고 있습니다.

다만 우주항의 기원을 진공 에너지라고 가정하면, 우주상수의 크기가 관측한 값보다 120자리나 커져버립니다. 이것을 '우주항 문제'라고 합니다.

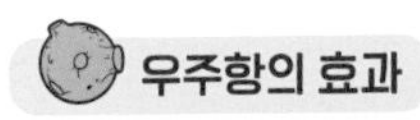

우주항의 효과

중력은 인력이므로 우주를 수축시키고, 우주항은 음의 압력이라 우주를 팽창시키므로 서로 반발하는 힘(척력)으로 작용한다. 아인슈타인은 우주의 크기가 변화하지 않도록 아인슈타인 방정식에 우주항을 추가했다.

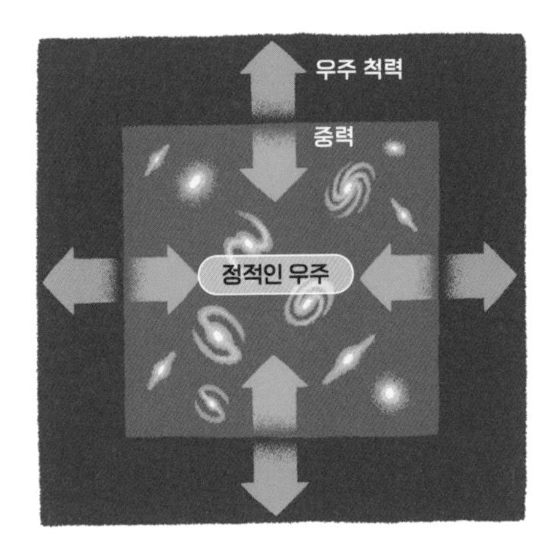

아인슈타인 방정식과 우주항

아인슈타인 방정식의 계량에 비례하는 항이 우주항이고, 그 비례상수가 우주상수다. 우주항은 이항해서 물질 쪽에 포함하면 우주를 팽창하게 만드는 미지의 에너지 성분으로 간주할 수 있다.

아인슈타인 방정식

$$G_{\mu\nu} = \frac{8\pi G}{c^4} T_{\mu\nu}$$

우주항 없음

우주상수

$$G_{\mu\nu} + \Lambda g_{\mu\nu} = \frac{8\pi G}{c^4} T_{\mu\nu}$$

우주항

이항

미지의 에너지로 간주할 수 있다

$$G_{\mu\nu} = \frac{8\pi G}{c^4} (T_{\mu\nu} - \rho_{\mathrm{DE}} g_{\mu\nu})$$

우주는 어디서 보더라도 계속 팽창한다

--------- 이동하는 구급차의 사이렌은 가까워지면 높은 소리로 들리고 멀어지면 낮은 소리로 들립니다. 빛도 소리처럼 파동의 일종이므로 파동을 내는 파원이 이동하면 파동의 파장이 변화합니다. 사이렌 소리가 다르게 들리는 것은 이런 이유 때문이며, 이것을 도플러 효과라고 합니다.

1929년에 미국 천문학자인 허블은 은하의 스펙트럼(빛을 주파수별로 분해해서 각 빛의 세기를 나타낸 것)이 빛의 파장이 긴 적색 방향으로 어긋나 있는 것을 알아차렸습니다. 이 현상과 파장이 늘어나는 정도를 나타내는 양을 적색편이라고 합니다.

적색편이는 은하가 멀어져서 생기는 도플러 효과라고 여겨졌습니다. 멀리 있는 은하일수록 적색편이가 크므로 은하의 거리는 후퇴 속도와 비례한다는 허블-르메트르 법칙을 발견했습니다. 그 비례계수를 허블 상수라고 합니다.

은하계가 우주의 특별한 위치에 있지 않고 어디서 어디를 보더라도 은하가 마찬가지로 멀어져 간다고 하면, 우주는 어디서 보더라도 팽창한다고 할 수 있습니다. 이것이 우주가 균질하게 등방으로 팽창한다는 증거입니다.

적색편이

은하에서 나온 빛은 도플러 효과로 인해 파장이 길어진다. 이것을 적색편이라고 하며, 은하가 거리에 비례하는 속도로 후퇴한다는 것을 보여준다.

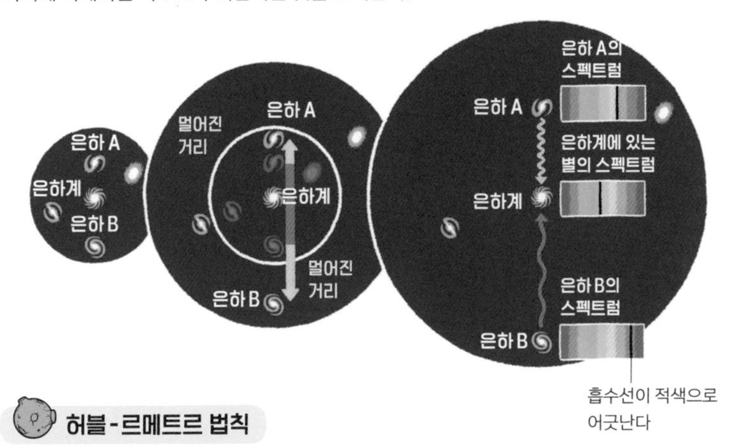

흡수선이 적색으로 어긋난다

허블-르메트르 법칙

후퇴 속도 v

거리 r

은하계 (우리 은하)

허블-르메트르 법칙

$$v = H_0 r$$

허블-르메트르 법칙은 우주가 균질하게 등방으로 팽창한다는 것을 보여준다. 우주가 팽창하면서 은하와 은하 사이가 당겨져 벌어져서 빛의 파장도 길어진다.

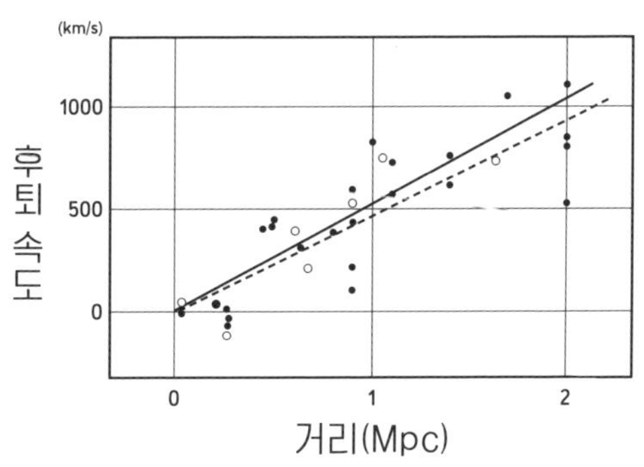

태양계 대부분은 수소와 헬륨

--------- 우주가 팽창하고 있다면, 과거의 우주는 지금보다 훨씬 작고 초고온·초고밀도였다고 추측할 수 있습니다. 우주 탄생 직후의 초고온·초고밀도 상태를 빅뱅이라고 합니다. 우주 탄생 직후에 일어난 인플레이션(급팽창) 과정에서 그런 급팽창을 일으킨 에너지가 해방되자 우주는 빛과 소립자와 열로 가득 찼습니다. 그로 인해 10^{23}K이나 되는 초고온 빅뱅이 되었다고 합니다.

탄생하고 100만분의 1초 후 온도가 수조 K인 우주는 쿼크와 전자로 가득했습니다. 탄생 후 10만분의 1초 후에는 온도가 1조 K 정도로 내려가고, 쿼크가 결합해서 양성자와 중성자가 만들어졌습니다. 우주 탄생 3분 후 무렵에는 양성자와 중성자로부터 헬륨 원자핵이 만들어졌다고 여겨집니다.

자연계에는 수소부터 우라늄까지 92종류의 원소가 존재하는데, 태양계 전체의 약 92.4%가 수소, 약 7.5%가 헬륨이므로 거의 모든 부분이 수소와 헬륨으로 차 있다고 할 수 있습니다. 이것은 빅뱅이 수소와 헬륨 원소를 우주 초기에 합성했기 때문입니다.

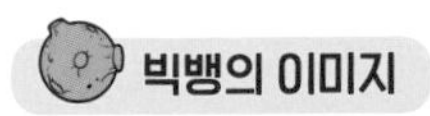

빅뱅의 이미지

우주는 상태가 정해져 있고 변하지 않는다고 생각했던 천문학자 프레드 호일은 라디오에서 '우주가 빅뱅(큰 폭발)으로 시작되었다고 하는 사람들이 있다'라며 비웃었다. 그런데 빅뱅을 주장하는 연구자들이 이 '빅뱅'이라는 표현을 마음에 들어 해서 정식 명칭이 되었다는 설이 있다.

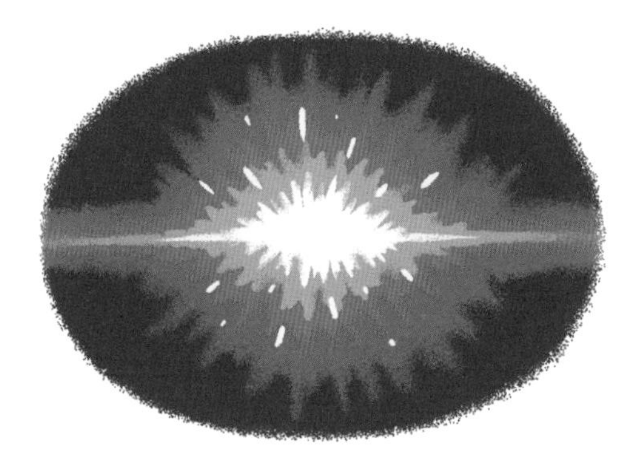

빅뱅 원소 합성

우주 탄생으로부터 100만분의 1초 후, 우주는 쿼크와 전자로 가득했다.

우주 탄생으로부터 10만분의 1초 후, 우주 팽창으로 온도가 1조 K 정도로 내려가고 쿼크가 결합해서 양성자와 중성자가 만들어졌다.

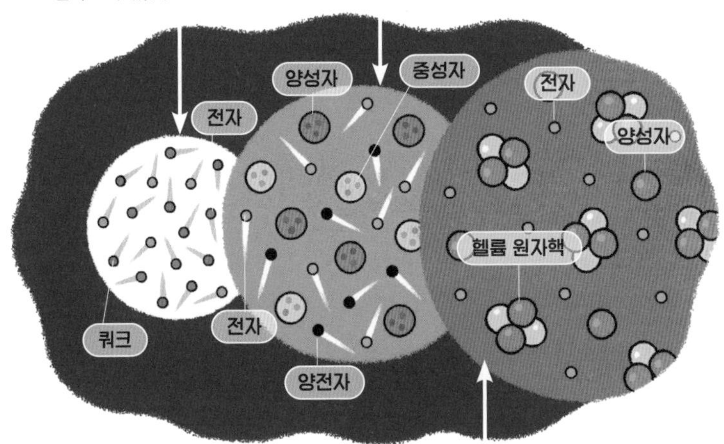

우주 탄생으로부터 3분 후, 온도가 더 내려가고 양성자와 중성자가 결합해서 헬륨 원자핵이 만들어졌다. 양성자는 그대로 수소 원자핵이 되었다.

새까만 우주는 사실 온통 빛나고 있다?

밤하늘에서 별을 전부 제거하면 새까만 배경만 남습니다. 하지만 사실 그 배경은 눈에 보이지 않는 빛(전파)으로 빛나고 있습니다. 이 전파에는 우주의 기원과 구조 등에 관한 정보가 담겨 있습니다.

1965년에 물리학자인 펜지어스와 윌슨은 천체 관측을 위해 통신 기기 안테나의 잡음을 제거하는 연구를 하고 있었습니다. 그때 우연히 우주 전체에서 지구로 도달하는 전파를 발견했습니다. 이런 전파처럼 우주 전체에 있는 균일한 복사를 우주배경복사라고 합니다.

모든 물체는 자체 온도에 따라 특유의 빛을 방출하는데, 이것을 열복사라고 합니다. 물체를 구성하는 원자와 분자는 열적으로 진동하고 있어서 양성자와 전자 등의 대전(전하를 띤) 입자로 구성된 물체도 마이크로 단위로 보면 반드시 전기적으로 쏠림이 존재합니다. 그래서 열진동으로 전하의 진동이 생겨 빛을 방출합니다.

모든 빛을 흡수하는 가상의 물체를 흑체라고 하고, 흑체에서 나온 열복사를 흑체복사라고 합니다. 펜지어스와 윌슨이 발견한 우주배경복사 전파는 3K인 흑체복사와 일치했습니다. 이런 우주배경복사 전파는 우주 마이크로파 배경복사라고 부르며 빅뱅이 남긴 빛이라고 할 수 있습니다.

흑체복사

아래는 흑체복사의 스펙트럼을 그림으로 표현한 것이다. 흑체복사의 스펙트럼은 그 온도만으로 정해진다. 그림을 보면 우주 마이크로파 배경복사의 스펙트럼은 3K인 흑체복사 스펙트럼과 일치하는 것을 알 수 있다.

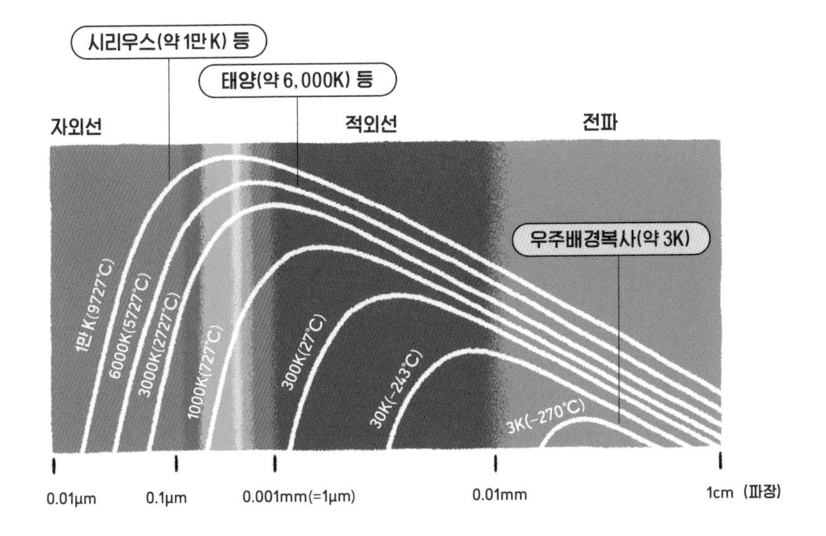

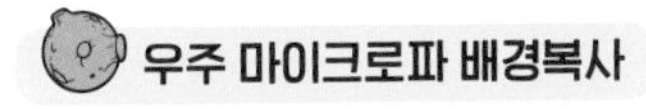

우주 마이크로파 배경복사

우주 마이크로파 배경복사 스펙트럼은 3K인 흑체복사와 일치하며, 우주의 균질등방성을 보여준다. 하지만 완전히 균질하고 등방성이라면 우주의 구조는 생겨나지 않는다. 사실은 온도에 움직임이 있고, 이런 비균질등방성이 우주 구조를 만들었다고 여겨진다. 이 그림은 전체 우주의 온도 분포도이며 우주 초기의 변화를 보여준다.

우주 마이크로파 배경복사 발견

물리학자 펜지어스와 윌슨이 우주배경복사를 처음으로 관측했을 때의 혼 안테나. 15m 정도의 크기였다.

우주의 온도는 천 배 내려가고, 크기는 천 배 커졌다

--------- 우주의 모든 방향으로부터 도달하는 전파의 정체는 약 138억 년 전에 일어난 빅뱅이 남긴 빛입니다. 우주 초기의 고온·고밀도인 빅뱅 우주에서 빛은 물질과 평형 상태인 흑체복사였습니다. 그 후, 우주가 팽창하고 탄생한 뒤 약 38만 년이 지나 우주 온도는 약 3,000K로 내려갔습니다. 그러자 원자핵과 전자가 묶여서 원자가 만들어졌습니다.

빛은 원자와 전자 등의 대전 입자에 의해 산란하므로 직진할 수 없었지만, 전기적으로 중성인 원자가 만들어져서 평형 상태가 무너지자 직진할 수 있게 되었습니다. 이 현상을 '우주의 맑게 갬'이라고 합니다. 안개가 끼어 아무것도 보이지 않는 상태에서 안개가 개고 주위를 볼 수 있는 상태가 되는 것에 빗댄 이름입니다.

우주 팽창으로 적색편이가 생기고, 이때의 흑체복사 파장이 길어진 것이 바로 3K인 흑체복사와 일치하는 우주 마이크로파 배경복사입니다. 3,000K에서 3K로, 온도가 약 1,000분의 1로 내려간 것은 우주의 크기가 약 1,000배 커졌다는 것을 의미합니다. 우주 마이크로파 배경복사 관측은 빅뱅 이론의 강력한 증거가 되었습니다.

우주의 맑게 갬

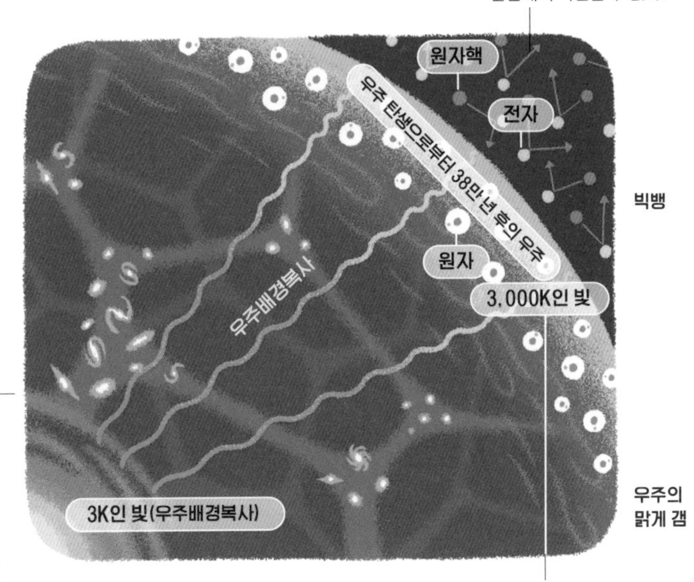

우주 팽창으로 우주 크기는 약 1,000배가 되어서 3,000K인 흑체복사였던 우주배경복사 파장이 늘어나고 온도가 1,000분의 1로 줄어 3K인 흑체복사가 되었다. 이것이 현재 관측되는 우주 마이크로파 배경복사다.

우주 탄생으로부터 약 38만 년 후에는 우주 팽창으로 우주 온도가 약 3,000K까지 내려갔다. 그러자 원자핵과 전자가 묶여서 전기적으로 중성인 원자가 되고, 빛은 직진할 수 있게 되었다. 이것을 '우주의 맑게 갬'이라고 한다.

정체불명의 암흑물질을 찾아서

--------- 현재 인간이 알고 있는 물질은 우주 전체의 불과 5% 정도라고 합니다. 우주 에너지 밀도의 약 5%는 바리온(중입자)이라 불리는 통상적인 물질로 구성된 입자이지만, 그 외의 27%는 정체불명의 물질인 암흑물질이 차지하고 있습니다.

나선은하 중심 부분에는 별들이 모여 있어 밝게 빛납니다. 따라서 별뿐만 아니라 다른 물질도 은하 중심에 모여 있다고 생각하면, 안쪽의 중력이 강해지므로 회전 속도가 빨라질 것입니다. 하지만 나선은하의 회전 속도는 안쪽과 바깥쪽의 차이가 별로 없다는 것이 관측되었습니다. 이것은 은하 중심 외의 곳에도 빛을 내지 않는 정체불명의 물질인 암흑물질이 대량으로 존재한다는 것을 시사합니다.

은하단(수백 개 이상의 은하들이 모인 덩어리)을 구성하는 은하는 여러 방향으로 운동하고 있습니다. 하지만 모든 은하로부터 받는 중력만으로는 이 운동을 제어해서 일정한 은하단 형태를 유지할 수 없다고 알려져 있습니다. 따라서 이것이 가능한 이유 역시 은하단 안의 은하들이 대량으로 존재하지만 눈에 보이지 않는 정체불명의 물질인 암흑물질로 연결되어 있다고 생각할 수 있습니다.

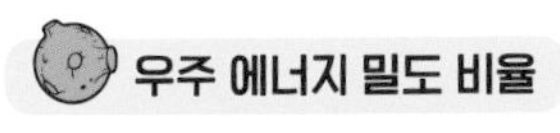

우리가 알고 있는 통상적인 물질을 구성하는 입자인 바리온은 전체의 불과 5% 정도다. 26.8%인 정체불명의 물질은 암흑물질이라고 한다.

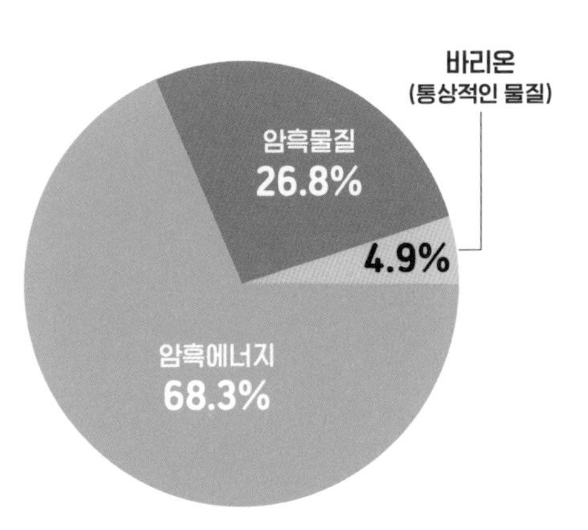

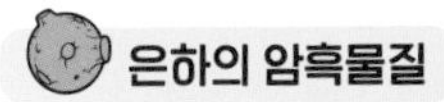

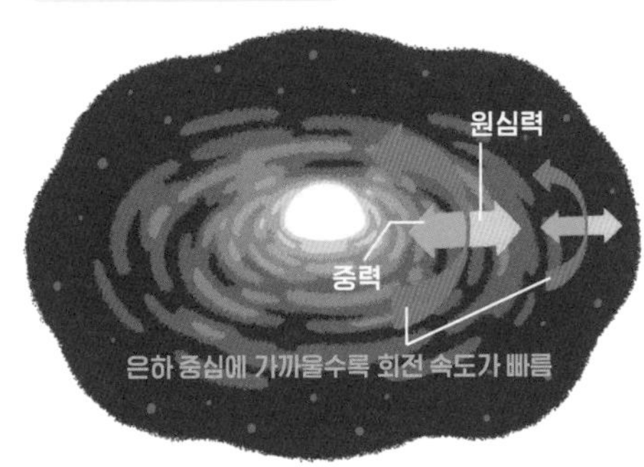

물질이 은하 중심에 집중해 있다면, 은하 주위 물질의 회전 속도는 중심에 가까울수록 빨라질 것이다. 하지만 회전 속도는 안쪽이나 바깥쪽이나 별로 다르지 않다는 것이 관측되었다. 이것은 은하 중심 외에도 빛을 내지 않는 정체불명의 물질이 대량으로 있다는 것을 의미한다.

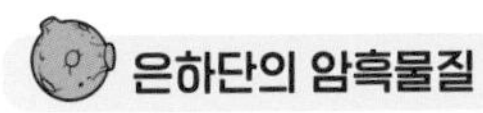

은하단 안의 은하로부터 받는 중력만으로는 운동하는 은하를 묶어둘 수 없다. 이것은 은하단 안에도 빛을 내지 않는 정체불명의 물질이 대량으로 존재한다는 것을 의미한다.

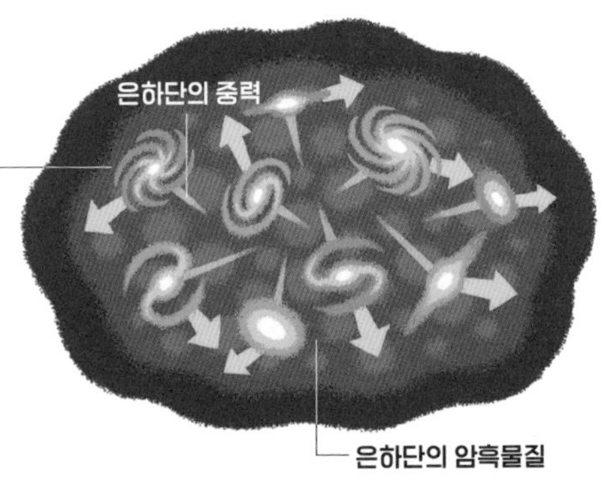

memo

암흑물질의 정체는 아직 알려지지 않았지만, 암흑물질의 후보를 찾는 관측이나 실험을 통해 조금씩 조건이 좁혀지고 있습니다.

우주 팽창을 가속하는 수수께끼의 에너지

--------- 우주 팽창 속도가 점점 빨라지는 것을 가속 팽창, 반대로 느려지는 것을 감속 팽창이라 합니다. 우주에는 두 가지 가속 팽창 방식이 있다고 여겨집니다. 하나는 우주 초기의 급격한 가속 팽창인 인플레이션입니다. 다른 하나는 지금에 이르기까지의 가속 팽창이며, 이것을 후기 가속 팽창이라고도 합니다.

현재 우주는 계속 팽창하고 있지만, 팽창하는 속도 자체는 물질의 중력에 의한 인력이 있으므로 느려진다고 추측하는 것이 자연스럽습니다. 하지만 이런 생각과는 반대로 현재 우주의 팽창 속도는 점점 빨라지고 있습니다.

학자들은 우주배경복사 관측, Ia형 초신성의 거리와 후퇴 속도 측정을 통해 우주의 팽창 상황을 조사해 왔습니다. 그 결과, 빅뱅으로부터 90억 년 후 무렵까지 팽창 속도는 감속했지만, 그 뒤로는 반대로 가속하고 있다는 것을 알아냈습니다.

따라서 우주에는 중력을 거슬러 우주 팽창 속도를 빨라지게 하는 정체불명의 에너지, 즉 암흑에너지가 존재한다고 생각할 수 있습니다. 우주 팽창이 감속에서 가속으로 바뀐 것은 암흑에너지는 물질과 달리 우주가 팽창해도 밀도가 거의 변하지 않는 성질이 있기 때문이라고 추측합니다.

감속 팽창과 가속 팽창

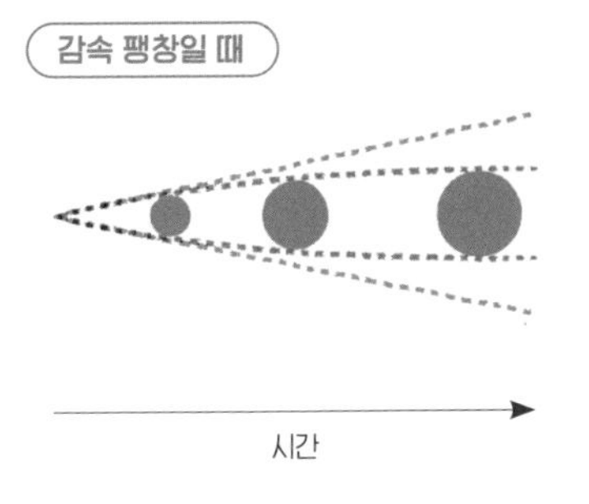

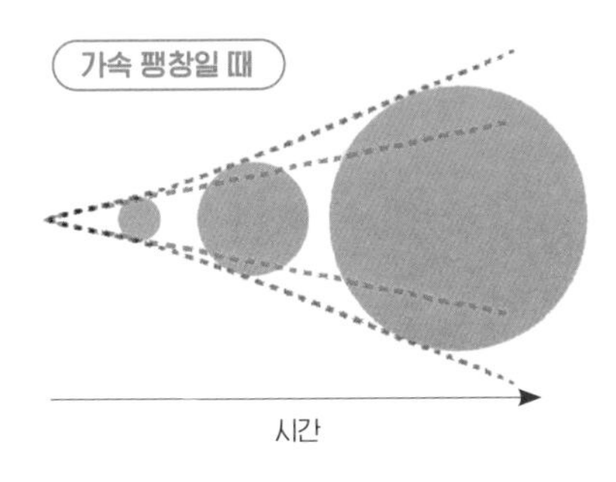

우주가 팽창하는 속도가 점차 감소하는 팽창을 감속 팽창이라고 한다.

우주가 팽창하는 속도가 점차 증가하는 팽창을 가속 팽창이라고 한다.

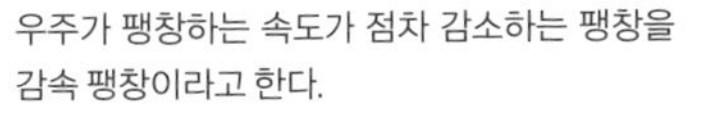

우주 팽창의 역사

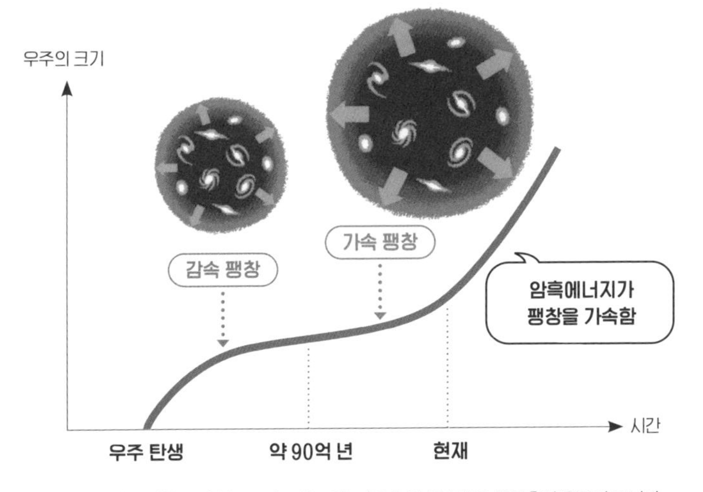

우주 팽창의 역사를 보여주는 그래프와 그림. 가로축이 시간이고, 세로축이 우주의 크기다.

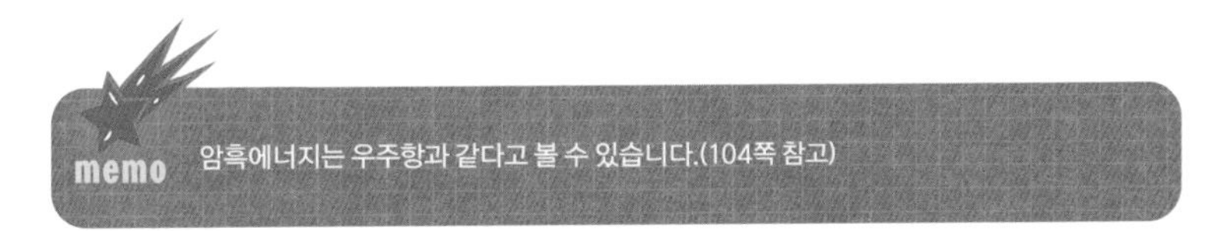

memo 암흑에너지는 우주항과 같다고 볼 수 있습니다.(104쪽 참고)

먼 미래에 우주는 아주 작은 점이 된다?

-------- 암흑에너지는 우주의 미래에 큰 영향을 미칠 것입니다. 암흑에너지 밀도가 지금과 달라지지 않으면 우주는 현재처럼 계속 팽창하겠지만, 만약 우주 팽창이 진행되면서 별이나 은하의 형성 연료가 되는 물질이 분산되면 천체 활동이 정지해 버립니다.

그러면 무질서의 정도를 나타내는 양인 엔트로피가 극한까지 상승하고, 온도와 에너지는 낮아지므로 새로운 반응이 일어납니다. 우주에는 차갑고 새까만 공간이 그저 펼쳐져 있기만 하겠지요. 이와 같은 우주의 최후를 빅프리즈(big freeze) 또는 열적 죽음이라고 합니다.

만일 암흑에너지 밀도가 증가하면, 우주 팽창은 격렬하게 가속합니다. 암흑에너지로 인한 반발적인 중력이 그 밖의 기본적인 힘을 웃돌게 되면 별이나 은하, 우리 몸 등 온갖 물체가 부풀어 터져버린다고 합니다. 이 가설을 빅립(big rip. 거대한 균열)이라고 합니다.

반대로 암흑에너지 밀도가 마이너스로 감소하면 우주의 가속 팽창은 감속으로 진환하면서 마침내 팽창이 수축으로 바뀌고, 우주는 줄어들다가 결국 우주 전체가 하나의 점이 되어버릴 수도 있습니다. 이 우주의 최후 시나리오는 빅크런치(big crunch. 대함몰)라고 합니다.

우주의 최후

우주가 어떤 최후를 맞이할지는 암흑에너지의 성질과 관련 있으며, 크게 세 가지 시나리오가 있다.

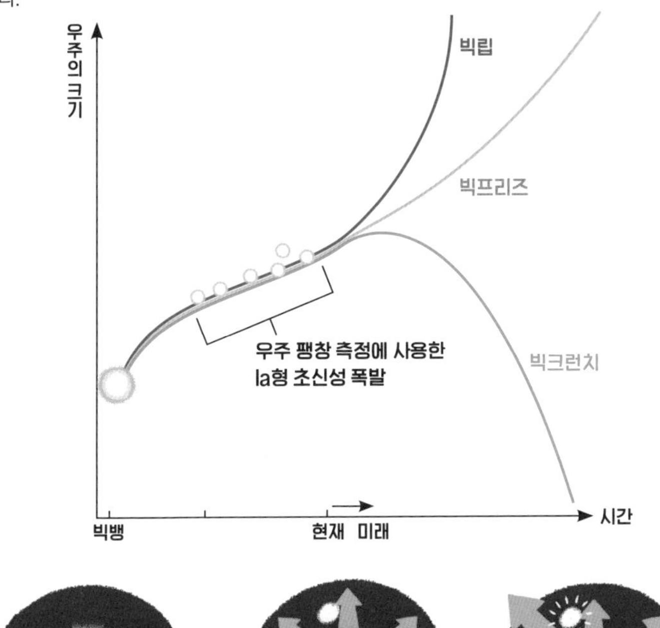

빅크런치

우주 가속 팽창이 감속으로 전환되고, 결국 수축이 시작되며 우주는 점이 되어버린다.

빅프리즈

우주 팽창이 진행되면서 물질이 분산되어 새로운 반응이 전혀 일어나지 않고, 차갑고 새까만 공간만이 계속 펼쳐진다.

빅립

우주 팽창이 가속하다가 암흑에너지로 인한 반발력이 다른 기본적인 힘을 웃돌게 되어 온갖 물체가 부풀고 찢어진다.

memo 현재 암흑에너지는 미지의 에너지이므로 장래에 어떻게 변화할지 알 수 없습니다. 그래서 우주의 미래와 최후를 예측하는 여러 가지 설이 있습니다.

우주는 급격하게 팽창하며 시작되었다

우주는 탄생 직후 10^{-36}에서 10^{-34}초 사이의 눈 깜짝할 사이라고도 할 수 없을 정도로 짧은 시간에 갑자기 엄청나게 팽창(인플레이션)했다고 합니다.

예전에는 실제 우주를 관측한 결과와 빅뱅 우주 모델 사이에 지평선 문제, 평탄성 문제, 자기 홀극 문제, 밀도 변동 문제 등 여러 모순이 있었습니다. 우주가 생겨나자마자 급팽창했다고 보는 인플레이션은 이런 모순들을 잘 설명하는 획기적인 이론입니다.

하지만 이렇게 중요한 인플레이션의 원리는 아직 알려지지 않았습니다. 물체의 중력은 우주를 줄어들게 하는 인력이므로 반대로 우주를 급팽창하게 만드는 반발력이 필요합니다.

그래서 우주를 팽창하게 하는 척력(서로 반발해서 멀어지게 하려는 힘) 효과를 가지는 '무언가'가 진공에 충만해 있다고 생각했는데, 이것을 인플라톤이라고 부릅니다. 인플라톤은 우주가 팽창해도 밀도가 달라지지 않는 성질이 있다고 여겨집니다. 지금도 여러 인플레이션 모델이 연구되고 있으며, 우주 마이크로파 배경복사나 중력파를 이용해 인플레이션을 관측하는 계획이 진행되고 있습니다.

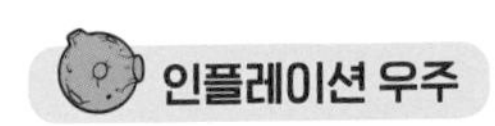

인플레이션 우주

우주는 탄생 직후 한순간에 급격하게 팽창했다고 여겨진다.(인플레이션) 이를 통해 빅뱅 우주론만으로는 설명할 수 없는 여러 관측 결과를 설명할 수 있다.

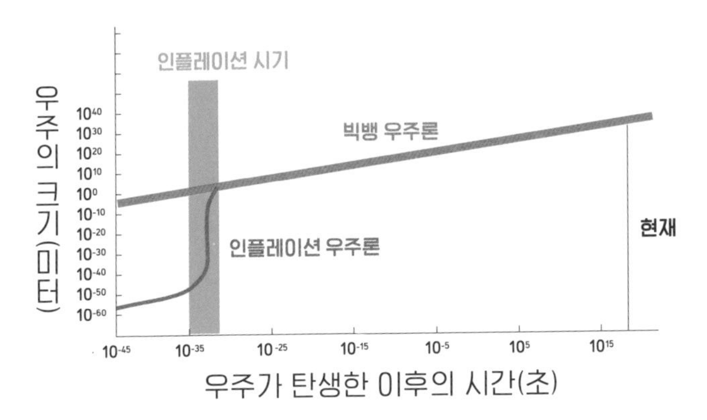

슬로 롤 인플레이션

'슬로 롤 인플레이션'은 인플레이션의 원리로 추측되는 모델 중 하나다. 인플라톤이라고 불리는 장이 퍼텐셜이라는 에너지 위를 굴러서 인플레이션이 발생한다. 그 후, 퍼텐셜의 계곡에서 구를 때 마찰 에너지로 인해 우주가 재가열되어 빅뱅이 일어나는 원리다.

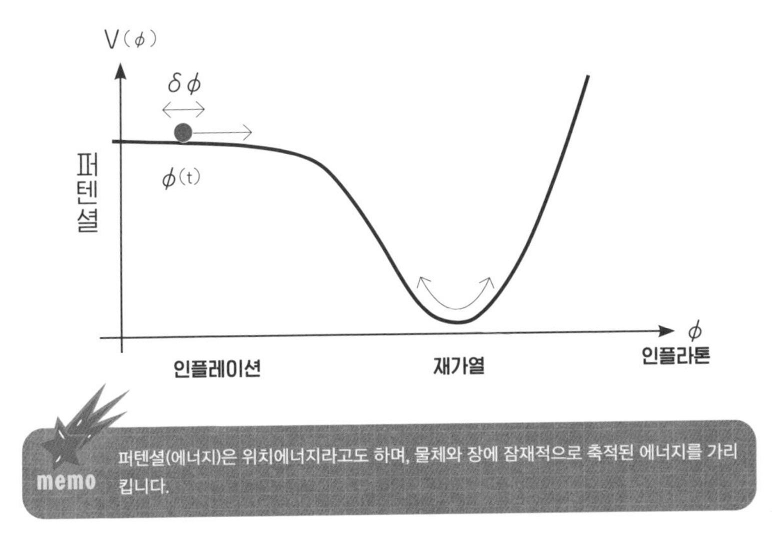

memo

퍼텐셜(에너지)은 위치에너지라고도 하며, 물체와 장에 잠재적으로 축적된 에너지를 가리킵니다.

우주의 온도는 어디든 비슷하다

-------- 우주 초기의 작열하는 빅뱅은 우주의 가속 팽창과 수소나 헬륨 등의 원소 합성, 우주배경복사 관측 등을 잘 설명합니다. 하지만 이것만으로 설명할 수 없는 수수께끼도 있어서 빅뱅 전 우주에서는 무슨 일이 일어났는지를 생각하게 되었습니다. 그중 하나가 균질성 문제입니다.

균질성 문제란 우주 마이크로파 배경복사 온도가 우주의 어느 방향에서든 대체로 비슷한 이유가 무엇인지에 관한 문제입니다. 우주 마이크로파 배경복사가 방출된 시점에 우주는 지금 우주 크기의 약 1,000분의 1에 해당하는 약 4,500만 광년 크기였습니다.

우주 마이크로파 배경복사가 같다는 것은 당시 약 4,500만 광년 크기인 우주공간의 온도가 모든 곳에서 대체로 같았다는 것입니다. 하지만 열이 전해지는 빠르기는 빛의 속도를 초월할 수 없습니다.

즉 우주 탄생으로부터 우주 마이크로파 배경복사가 방출되기까지의 약 38만 년 사이에 약 4,500만 광년이나 되는 넓은 우주 온도가 균일할 리가 없는 것입니다. 하지만 이 문제는 빅뱅보다 먼저 인플레이션에 의해 급격하게 우주가 팽창했다는 설이 해결해 주었습니다.

균질성 문제

우주의 어느 방향을 향하더라도 우주배경복사 온도가 대체로 같은 것은 우주배경복사가 방출된 당시의 약 4,500만 광년 크기의 우주 온도도 거의 같았다는 것을 의미한다. 인플레이션이라는 개념 없이는 우주 탄생으로부터 약 38만 년 사이에 이만큼 넓은 범위의 온도가 같다는 것을 설명하기 어렵다.

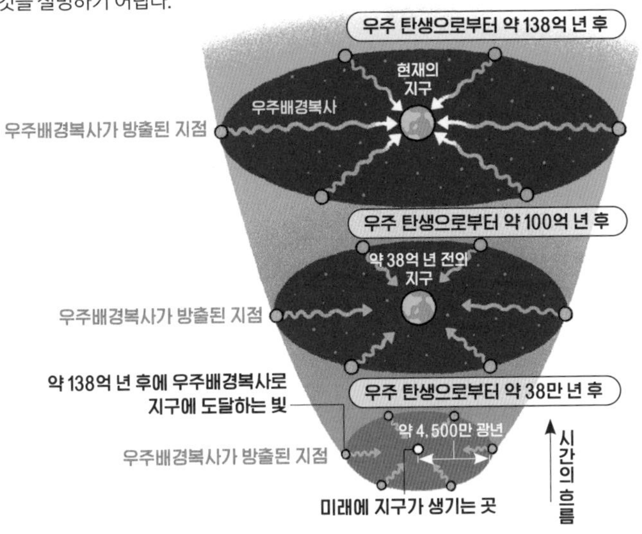

인플레이션으로 균질성 문제를 설명하기

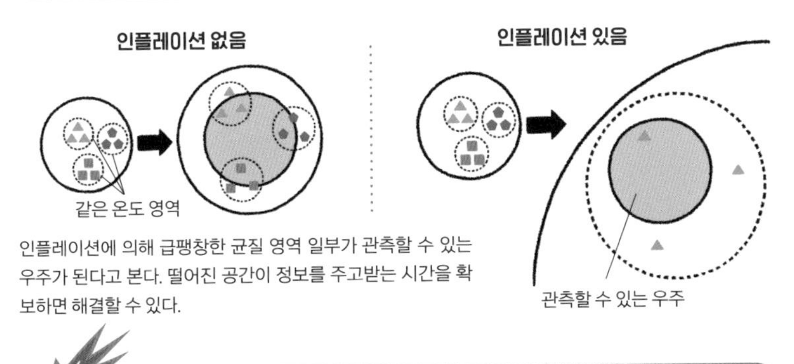

인플레이션에 의해 급팽창한 균질 영역 일부가 관측할 수 있는 우주가 된다고 본다. 떨어진 공간이 정보를 주고받는 시간을 확보하면 해결할 수 있다.

memo 인플레이션 이론은 1981년에 사토 가쓰히코, 이어서 미국의 앨런 구스가 처음으로 주장했습니다.

우주의 끝과 그 너머는 어떤 모습일까?

--------- "우주에 끝이 있나요?"라는 질문을 많이 받지만, 그럴 때마다 모른다고 대답할 수밖에 없습니다. 빛은 1년에 1광년(약 9조 5,000km)씩밖에 진행할 수 없습니다. 따라서 멀리서부터 온 빛일수록 과거에서 온 것입니다. 우주는 약 138억 년 전에 탄생했다고 추측되는데, 우주에서 빛이 직진할 수 있게 된 것은 우주가 탄생하고 약 38만 년이 지난 후부터입니다.

우주 마이크로파 배경복사는 우주가 탄생한 지 약 38만 년 후에 직진하기 시작해서 약 138억 년 걸려 지구에 도착한 빛입니다. 즉 관측할 수 있는 빛 중에서 가장 멀리서, 가장 과거에서 온 빛인 셈이지요.

우주는 팽창하고 있으므로 가장 오래된 빛을 방출한 지점은 현재 더 먼 곳에 있을 것입니다. 약 138억 광년이라는 거리는 빛이 진행한 거리(광로 거리)이며, 실제 물리적인 거리(고유 거리)는 약 470억 광년입니다.

이 고유 거리가 관측할 수 있는 우주의 현재 크기입니다. 현재 관측 가능한 범위에서는 우주의 끝이라 할 수 있겠죠. 물론 그 너머가 어떤지는 알 수 없습니다. 끝이 없이 무한히 펼쳐져 있을지도 모르고, 3차원 구체나 도넛처럼 되어 있어서 정확한 끝이 없을지도 모릅니다.

관측할 수 있는 우주

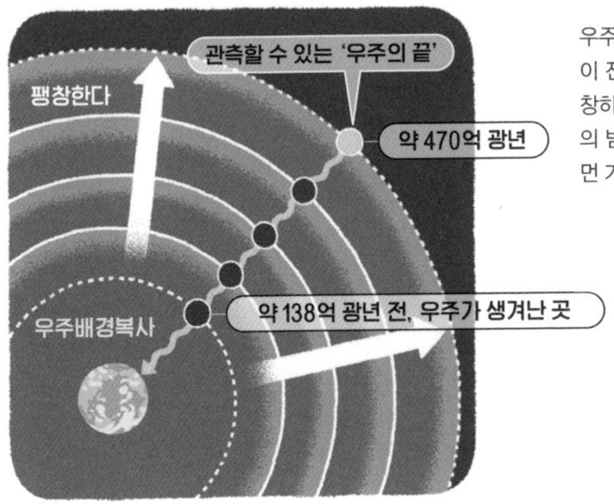

우주의 나이는 약 138억 년이지만, 빛이 진행하는 동안에도 우주는 계속 팽창하고 있으므로 관측할 수 있는 우주의 범위는 약 470억 광년이다. 그보다 먼 거리는 현재 알 수 없다.

관측할 수 없는 우주?

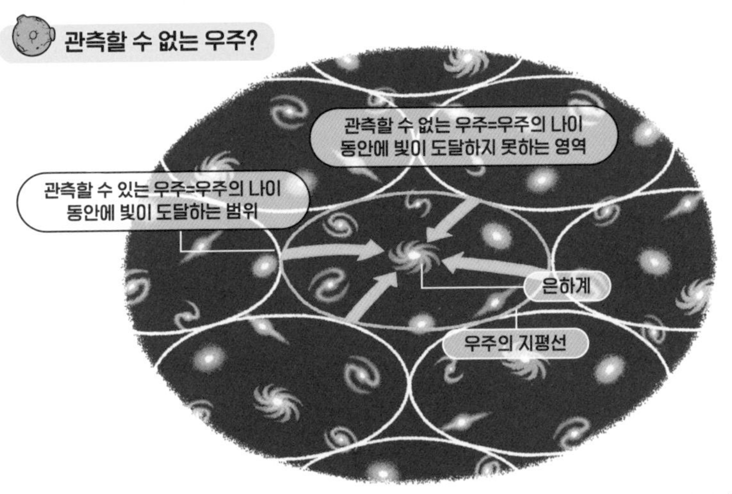

인플레이션 우주론에 따르면 우주는 관측할 수 있는 범위보다 훨씬 광대할 것이다. 관측할 수 있는 우주의 바깥에는 관측할 수 없는 우주가 펼쳐져 있을지도 모른다.

memo 관측할 수 있는 우주의 끝에서 전체 우주를 바라본다고 해도 아마 우리가 보는 우주와 똑같이 보일 것으로 추측하고 있습니다.

현대 물리학이 통하지 않는 옛날의 우주

--------- 양자론이란 매우 작은(마이크로) 물체의 현상을 설명하는 이론입니다. 반대로 양자론을 다루지 않고 큰(매크로) 물체의 현상을 설명하는 이론을 고전론이라고 합니다. 우주의 진화를 설명하는 데 사용하는 일반상대성 이론은 양자론적인 내용을 포함하지 않는 고전론입니다.

어떤 현상에서 고전적인 이론이 맞지 않는다고 여겨지는 추정은 이론들의 기본적인 물리상수를 조합해서 계산할 수 있습니다. 양자론에서의 기본 상수 중 하나는 광자가 갖는 에너지와 진동수의 비례계수인 플랑크 상수 또는 디랙 상수이고, 일반상대성 이론에서는 만유인력 상수가 기본적인 상수입니다.

이 상수들을 활용해 블랙홀의 사건의 지평선 위치를 나타내는 슈바르츠실트 반지름이 물질이 갖는 특정 파장인 콤프턴 파장과 같아지는 것을 계산한 길이, 질량, 시간을 모아 플랑크 스케일이라고 합니다.

그보다 작은 규모에서 일어나는 현상은 양자 효과를 고려해야 하는데, 지금의 이론으로는 기술할 수 없습니다. 따라서 플랑크 길이보다 작았던 우주 초기를 현재로서는 정확하게 밝혀내기 어렵습니다.

터널 효과

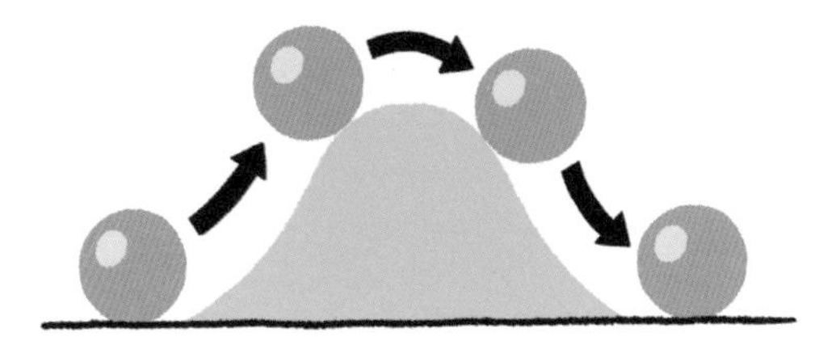

고전론에서는 퍼텐셜 산을 넘으려면 물체가 그 산 이상의 에너지를 가지고 있어야 한다.

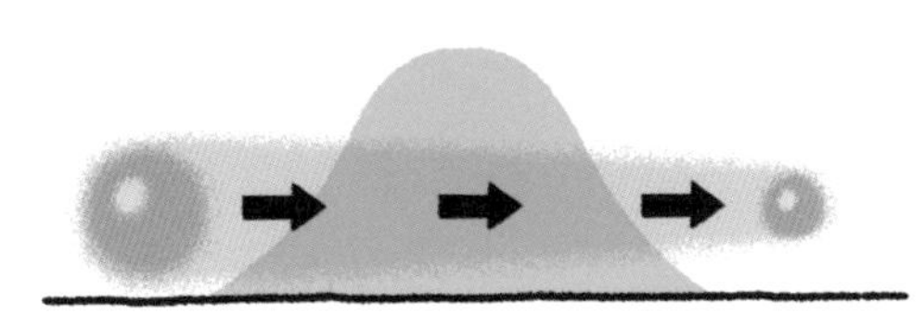

양자론에서는 퍼텐셜 산 이하의 에너지만으로도 물체가 밖으로 빠져나갈 수 있다. 이를 터널 효과라고 한다. 양자론에서는 고전 이론의 상식이 통하지 않는 경우가 있다.

플랑크 스케일

플랑크 스케일 이하에서는 고전적인 중력 이론인 일반상대성 이론이 성립하지 않으며, 양자론과 중력 이론을 조합한 미완성의 양자중력 이론이 필요하다. 우주의 크기가 플랑크 길이보다 짧았던 시대는 지금의 물리학으로 설명할 수 없다. $\hbar$는 디랙 상수를 나타낸다.

플랑크 길이 $$\sqrt{\frac{\hbar G}{c^3}} = 1.616255 \times 10^{-35}\mathrm{m}$$

플랑크 질량 $$\sqrt{\frac{\hbar c}{G}} = 2.176434 \times 10^{-8}\,\mathrm{kg}$$

플랑크 시간 $$\sqrt{\frac{\hbar G}{c^5}} = 5.391247 \times 10^{-44}\,\mathrm{s}$$

우리 우주 말고도 다른 우주들이 있을까?

--------- 관측할 수 있는 우주에는 한계가 있습니다. 하지만 관측으로 검증할 수 없더라도 이론적으로 추측해 볼 수는 있습니다. 어쩌면 우리가 사는 우주 외에 여러 우주가 존재할지도 모른다고 생각하는 것도 가능합니다. 이렇게 여러 우주를 가정한 설을 다중 우주론이라고 합니다.

인플레이션 우주론에서도 같은 시나리오를 그려볼 수 있습니다. 인플레이션을 일으키는 가짜 진공 일부에서 인플레이션이 끝나고 진짜 진공이 탄생합니다. 진짜 진공(우리 우주)에서 보면 광대한 진짜 진공 영역은 가짜 진공 영역을 붕괴시킵니다.

한편 가짜 진공(다른 우주)에서 보면 가짜 진공에서의 인플레이션은 계속되므로 급격하게 팽창합니다. 이렇게 생겨난 다른 우주를 자식 우주, 진짜 진공인 우주를 부모 우주라고 합니다.

부모 우주와 자식 우주는 '아인슈타인·로젠 다리'라고 불리는 웜홀(wormhole)로 이어져 있습니다. 이 다리는 우리 우주에서 보면 블랙홀로 보이는데, 웜홀은 결국 찢어져서 부모 우주와 자식 우주가 분리될 것이라고 추측합니다.

인플레이션에 의한 다중 우주론

양자론에서 일반적으로 '진공'은 에너지가 극소인 상태(계곡에 있는 상태)를 가리킨다. 에너지가 최저인 진공을 '진짜 진공', 그렇지 않은 것을 '가짜 진공'이라고 한다.

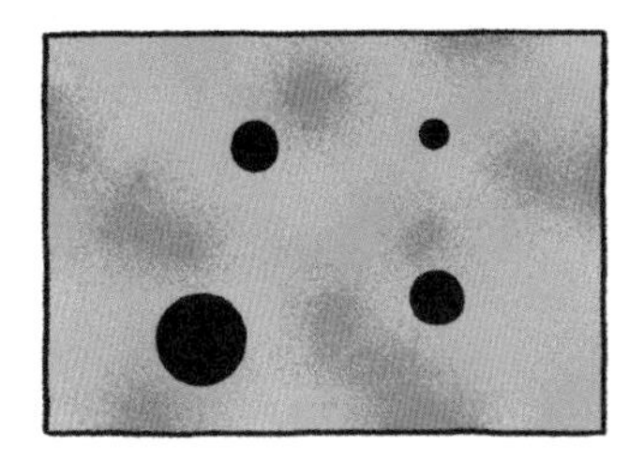

1

인플레이션을 일으키는 가짜 진공 일부에서 인플레이션이 끝나고 진짜 진공 거품이 탄생한다.

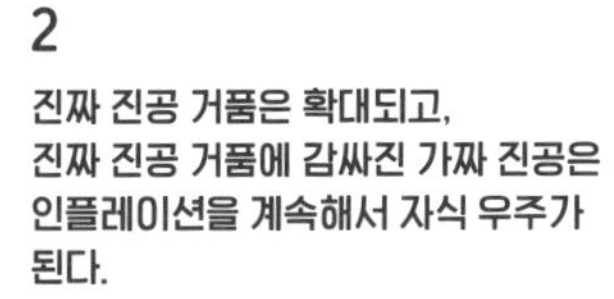

2

진짜 진공 거품은 확대되고, 진짜 진공 거품에 감싸진 가짜 진공은 인플레이션을 계속해서 자식 우주가 된다.

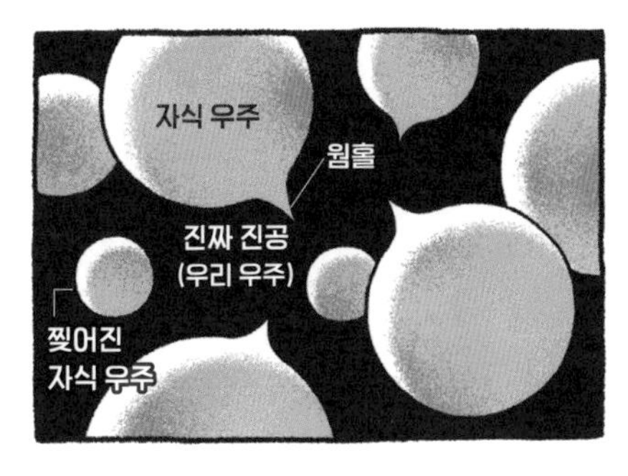

3

진짜 진공과 자식 우주는 웜홀로 연결되어 있지만, 결국에는 찢어져서 우리 우주인 진짜 진공과 자식 우주로 분리된다.

부모 우주와 자식 우주가 분리되듯이 자식 우주는 손주 우주를, 손주 우주는 증손주 우주를 만든다. 이것이 거품 모양과 비슷해서 인플레이션에 의한 '거품 우주 모델'이라고 불린다.

우주는 무에서 탄생했다?

-------- 흔히 '우주는 무에서 탄생했다'라고 말합니다. 여기서 말하는 무(無)란 시간과 공간은 있지만 물질은 없는 빈 상태가 아닙니다. 시간도 공간도 물질도 존재하지 않는다는 의미의 진정한 '무'입니다.

양자론으로 무에서의 우주 탄생을 생각해 보겠습니다. 아인슈타인 방정식을 양자론적으로 기술하면 우주 크기의 확률에 대한 방정식을 얻을 수 있습니다. 이것을 휠러-디윗 방정식이라고 부릅니다.

양자론에 따르면 뭔가가 완전히 정해진 채로 가만히 있는 일은 없습니다. 위치나 에너지, 시간이나 공간 등은 고정되어 있지 않고 끊임없이 움직입니다. 또한 마이크로 입자가 일반적으로는 통과할 수 없는 에너지 장벽을 빠져나가는 현상이 드물게 일어납니다. 이것을 터널 효과라고 합니다. 반지름 0 근처에서 움직이는 우주가 터널 효과로 갑자기 태어납니다. 다시 말해 무에서 우주가 생겨나는 것입니다.

이렇게 탄생한 플랑크 길이 정도의 작은 우주는 진공 에너지의 급격한 비탈길에서 굴러떨어져 인플레이션을 일으키고, 급팽창한다고 알려져 있습니다.

양자론에서 물리량의 흔들림

고전론에서는 위치를 비롯한 물리량이 한 가지로 완전히 멈춰 있는(결정되어 있는) 상태를 생각할 수 있다.

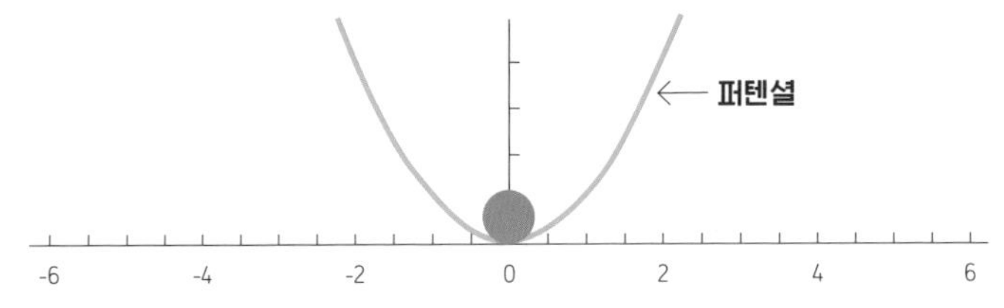

반면 양자론에서 물리량은 끊임없이 움직인다. 따라서 고전론에서는 통과할 수 없는 에너지 벽도 터널 효과에 의해 확률적으로 통과할 수 있다.

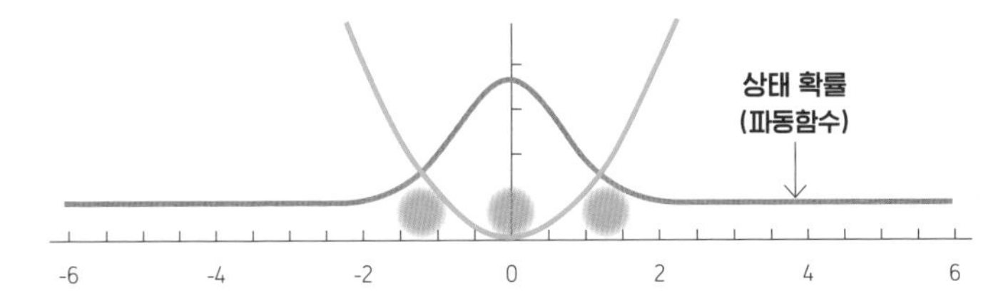

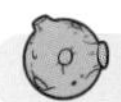

빌렌킨 가설

반지름 0 근처에서 움직이는 우주가 터널 효과로 갑자기 생겨난다. 무에서 탄생한 플랑크 길이 정도의 작은 우주가 퍼텐셜 비탈길에서 굴러떨어져서 인플레이션을 일으키고 급팽창한다는 설이 있다.

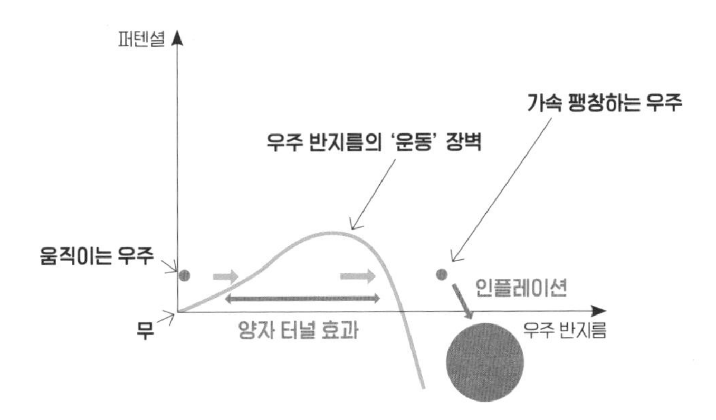

COLUMN

우주물리학을 배우고 싶다면

우주물리학의 각 하위 분야는 그것 하나만으로도 엄청나게 두꺼운 책을 쓸 수 있을 정도로 깊고 넓습니다. 이 책에서 설명하지 못한 재미난 연구도 많이 있습니다. 이 책을 계기로 조금이라도 우주물리학에 관심을 가지고 더 알아보고 싶다는 생각이 들었다면 관련된 여러 도서나 웹페이지 등을 참고해 주시길 바랍니다.

장차 진지하게 우주물리학 연구를 해보고 싶은 분들은 우선 학교에서 배우는 수학이나 물리를 차근차근 익혀보길 권합니다. 학교에서 공부하는 내용은 전문가들이 오랜 시간을 들여 협의해서 정성스레 고른 '반드시 도움이 되는' 가성비 최고의 지식입니다.

우주물리학자로 일하고 있는 저 역시 다른 사람과 한마디도 하지 않는 날은 있어도, 항을 옮기거나 미분 계산을 하지 않는 날은 없습니다. 어린 시절 학교에서 배운 수학과 물리학을 어른이 되어서도 평생 쓰는 것이지요. 물론 학교 공부를 넘어 대학생이 배우는 내용을 공부하거나, 다른 호기심이 생긴 것에 몰두해도 괜찮습니다.

학교 수업은 정해진 커리큘럼이 있어서 그것을 꼭 배우며 진행해야 합니다. 하지만 만약 여러분이 더 앞서서 공부하고 싶은 것이 있다면 가족이나 선생님 등 주위 어른과 상담해 보세요.

CHAPTER

4

천체란 무엇일까?

천체라는 말을 들으면 무엇이 떠오르나요?

달이나 별을 가장 먼저 떠올리는 사람이 많을 것 같네요.

하지만 천체란 달이나 별뿐만 아니라

우주에 존재하는 모든 물체를 가리킵니다.

이번 장에서는 여러 천체의 특징과 일생에 관해 알아보겠습니다.

많고도 다양한 천체의 세계

우주에 존재하는 모든 물체를 '천체'라고 합니다. 천체에는 여러 종류가 있습니다. 천체의 다양한 모습을 표로 정리했습니다.

※단, 일반적으로 성간물질은 천체라고 하지 않습니다.

이름	특징	종류와 예
행성	중력과 압력(기울기)이 균형을 이루기 충분한 질량을 가지며, 궤도에서 다른 천체를 배제하고 항성 주위를 공전하는 천체	지구형 행성, 목성형 행성, 천왕성형 행성
왜행성	중력과 압력(기울기)이 균형을 이루기 충분한 질량을 갖지만, 궤도에서 다른 천체를 배제하지 않고 항성 주위를 공전하는 천체	명왕성형 행성
태양계 소천체	중력과 압력(기울기)이 균형을 이루기 충분한 질량을 갖지 못하고 항성(태양) 주위를 공전하는 천체	소행성, 혜성, 태양계 외연천체
외계 행성	태양 외의 항성을 공전하는 행성	뜨거운 목성, 익센트릭 플래닛(eccentric planet)
원시 행성계 원반	새로 형성된 항성을 둘러싼 가스와 먼지로 이루어진 원반	완전한 원반(full disk), 전이 원반
위성	행성, 왜행성, 태양계 소천체 주위를 공전하는 천체	규칙위성, 불규칙위성

이름	특징	종류와 예
항성	핵융합 반응으로 스스로 빛을 내는 천체	주계열성[O형, B형, A형, F형, G형, K형, M형(적색왜성)], 항성(청색, 적색), 초거성(청색, 적색)
갈색왜성	질량이 작고, 수소 핵융합이 일어나지 않는 항성	독립형, 동반성형
밀집성	항성보다 더욱 밀집된 천체	백색왜성, 중성자별(펄서, 마그네타), 블랙홀
변광성	밝기가 변화하는 항성	맥동변광성, 격변광성(신성, 초신성), 식변광성
연성	여러 항성과 밀집성이 서로 중심 주위를 도는 천체	쌍성, 삼중성 등
성단	항성 집합	산개성단, 구상성단(암흑물질의 존재, 여러 세대의 별, 위성 성단, 최소한의 크기, 별끼리의 상호중력)
성운	성간물질을 관측할 수 있을 정도의 집합	산광성운, 암흑성운, 초신성잔해, 행성상성운
은하	다수의 항성과 가스, 먼지, 암흑물질 집합	나선, 막대나선, 타원, 렌즈, 불규칙, 왜소은하, 활동은하(퀘이사, 세이퍼트은하, 전파은하) 등
은하군	3~10개의 은하 집합	밀집은하군
은하단	100개 이상의 은하 집합	예: 처녀자리 은하단, 머리털자리 은하단
초은하단	여러 은하군이나 은하단의 집합	예: 처녀자리 초은하단, 라니아케아 초은하단
감마선 폭발	폭발적으로 감마선을 방출하는 천체	단기지속 감마선 폭발, 장기지속 감마선 폭발
성간물질	별들 사이에 존재하는 물질	성간가스, 성간먼지

우주에서 지구의 주소는 어떻게 말해야 할까?

--------- 만약 누군가 우리에게 주소를 물어본다면 '경기도 ○○시 ××…'과 같이 광역자치단체부터 순서대로 대답할 것입니다. 그럼 만약 우주 어딘가에서 어쩌다 만난 누군가가 주소를 물어오면, 우주 어디에 본인의 집이 있는지 어떻게 얘기할 수 있을까요?

우주 규모부터 시작한다면 '라니아케아 초은하단 처녀자리 초은하단 국부 은하군 은하계 태양계 지구 대한민국 경기도 ○○시 ××…'가 될 것입니다.

지름이 약 10만 광년인 은하계는 우리가 사는 태양계를 포함하는 은하입니다. 은하계는 지름 약 600만 광년인 국부 은하군에 속합니다. 그리고 국부 은하군은 지름이 약 2억 광년으로 더 많은 은하가 모인 처녀자리 초은하단에 속하며, 처녀자리 초은하단은 지름 약 5억 2,000만 광년인 라니아케아 초은하단에 속합니다.

이처럼 우주에 존재하는 천체의 공간적인 분포는 행성이나 별처럼 비교적 작은 것부터 여러 은하가 모인 초은하단처럼 큰 것까지 여러 규모의 구조를 볼 수 있습니다. 이것을 우주의 계층구조라고 합니다.

지구의 주소

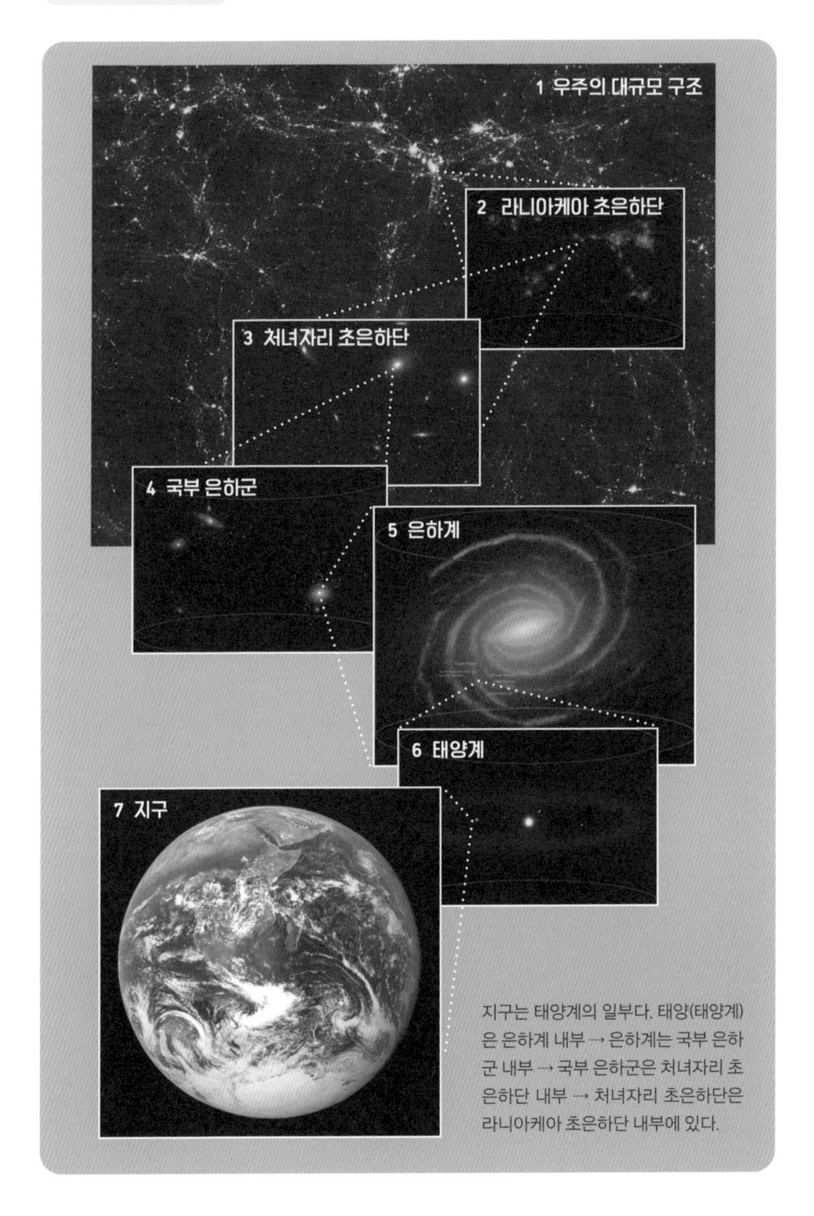

지구는 태양계의 일부다. 태양(태양계)은 은하계 내부 → 은하계는 국부 은하군 내부 → 국부 은하군은 처녀자리 초은하단 내부 → 처녀자리 초은하단은 라니아케아 초은하단 내부에 있다.

스스로 빛나지 않으면 별이 아니다

-------- 우리는 밤하늘에 빛나는 물체를 통틀어 '별'이라 부릅니다. 하지만 천문학에서는 별의 정의가 조금 다릅니다. 우주에 존재하는 물체는 천체라고 부르며, 별은 천체 중에서도 '항성'을 가리킵니다. 항성이란 내부의 핵융합 반응으로 에너지를 만들어내서 스스로 빛나는 천체를 말합니다.

또한 천문학에서는 수소와 헬륨 외의 모든 원소를 '금속'이라고 합니다. 항성은 금속량에 따라 '종족 I', '종족 II', '종족 III'으로 나뉩니다. 금속을 많이 포함하는 별을 종족 I, 적게 포함하는 별을 종족 II, 전혀 포함하지 않는 별을 종족 III으로 분류합니다.

종족 I인 별은 은하 원반에 많이 분포하며, 주로 청백색으로 빛나는 젊은 별입니다. 종족 II인 별은 은하 원반 주위의 헤일로(둥근 모양으로 빛나는 영역)나 중심부의 팽대부(bulge)에 분포하며, 은하계가 형성된 무렵에 만들어진 100억 살 이상의 늙은 적색 별이 많습니다.

종족 II 중에서도 무거운 별들은 핵융합으로 급속하게 진화해서 초신성 폭발로 질량 대부분을 날려버렸습니다. 그때 주위에 방출된 탄소, 산소, 철과 같은 무거운 원소가 은하 원반에 내려 붙어서 종족 I인 별을 만들었다고 합니다. 종족 III인 별은 아직 발견되지 않았습니다.

별의 종족과 특징

특징	종족 I	종족 II
분포	원반 부분	헤일로와 팽대부
소속 성단	산개성단	구상성단
중원소량	많음	적음
별의 스펙트럼 형태	O, B형 별이 많음	K, M형 별이 많음
밝은 별	파란 초거성	적색거성
별의 고유운동	속도가 느림	속도가 빠름

※140쪽 참고

종족 I의 예 / 베텔게우스

오리온자리에 있는 종족 I인 항성이며, 전 우주에 21개 있는 1등성 중 하나다. 맨눈으로 볼 수 있다. 왼쪽 위의 오렌지색으로 빛나는 별이 베텔게우스다. 중앙에는 오리온자리 분자구름이 보인다.

종족 II의 예 / HE 0107-5240

봉황자리 방향으로 약 3만 6천 광년 떨어진 곳에 있으며, 질량이 태양의 0.8배 정도라고 여겨지는 종족 II인 항성이다.

memo 종족 III인 별은 빅뱅 후의 제1세대 별이며, 상당히 먼 곳에 있을 것으로 추측합니다.

다양한 세기와 주파수를 갖는 별빛

--------- 항성은 색에 따라 분류할 수도 있습니다. 실제 별의 빛에는 여러 주파수의 빛이 섞여 있습니다. 빛을 주파수별로 분해해서 각 빛의 세기를 나타낸 것을 스펙트럼이라고 합니다.

항성에서 나온 빛의 스펙트럼에는 스펙트럼선(휘선과 흡수선)이라 하는 선이 나타납니다. 스펙트럼선이 나타나는 이유는 원자 안의 전자가 에너지가 높은 상태에서 낮은 상태로 이동할 때 빛을 내보내거나, 낮은 상태에서 높은 상태로 이동할 때 빛을 흡수하기 때문입니다.

스펙트럼선은 구성하는 원자의 종류에 따라 정해지고, 항성의 표면 온도나 표면 중력으로도 달라집니다. 스펙트럼선이 나타나는 방식에 따라 항성의 표면 온도가 높은 순으로 O, B, A, F, G, K, M으로 분류한 것을 스펙트럼형이라고 합니다. 같은 스펙트럼형이라도 반지름이 작은 '왜성'과 반지름이 큰 '거성'이 존재합니다.

항성의 밝기와 색(표면 온도)의 관계를 나타내는 그림을 H-R도라고 합니다. H-R도의 대각선상에 있는 항성은 주계열성이라고 부르며, 핵융합 반응으로 얻은 에너지로 자신의 무게를 지탱하면서 안정적으로 빛납니다. 태양 정도의 질량인 별은 약 100억 년 동안 주계열에 머무른 다음 크게 팽창해서 H-R도의 오른쪽 윗부분인 적색거성이 되고, 마침내 왼쪽 아래의 백색왜성으로 변해갑니다.

항성의 스펙트럼

항성은 스펙트럼 특징에 따라 분류되며, 스펙트럼선에는 밝은 선(휘선)과 어두운 선(흡수선)이 포함된다. 이 선은 원자 안의 전자 에너지가 변화해서 빛을 방출하거나 흡수하기 때문에 나타나는 것으로, 원자마다 그 주파수가 정해져 있다. 오른쪽 알파벳은 스펙트럼형을, 왼쪽은 천체의 이름을 나타낸다.

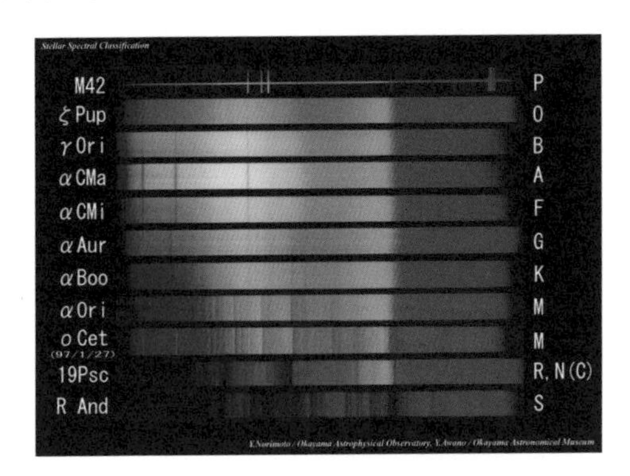

H-R도

항성의 밝기와 색(표면 온도)의 관계를 보여준다. 세로축을 절대 등급(위로 갈수록 밝음)으로 한다. 질량이 태양 정도인 별은 H-R도에서 오른쪽 아래에서 왼쪽 위로 가는 주계열에 머무른 다음 오른쪽 위로 이동해 적색거성이 되고, 마침내는 왼쪽 아래의 백색왜성이 된다.

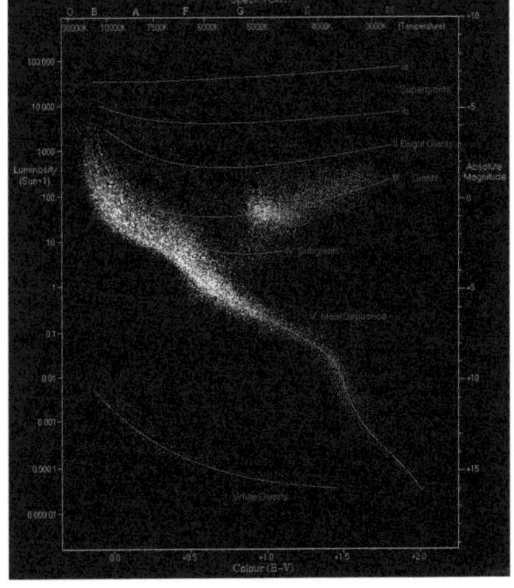

memo 별의 색은 표면 온도에 따라 다르므로 스펙트럼형으로 별의 색을 알 수 있습니다.

별의 죽음은 질량에 따라 달라진다

--------- 생물이 언젠가는 죽는 것처럼, 별에도 수명이 있습니다. 별이 어떻게 죽는지는 그 별의 질량에 따라 정해집니다.

별이 생겨났을 때의 질량이 태양의 0.08배보다 작으면 중심부에서 수소 핵융합이 일어나지 않는 갈색왜성이 됩니다. 질량이 태양의 0.08배보다 큰 별이라면 핵융합을 일으켜서 주계열성이 됩니다.

질량이 태양의 0.08~8배까지인 별은 적색거성이 되어 가스를 서서히 방출하다가, 마지막에는 항성 중심 부분만 남은 백색왜성이 되어 조용히 죽음을 맞이합니다.

질량이 태양의 8~25배라면, 핵융합을 통해 철로 된 중심핵이 만들어지면서 핵융합이 멈추고 중력에 의해 쪼그라듭니다. 결국 자신의 중력을 지탱할 수 없게 되면 붕괴하면서 화려한 초신성 폭발을 일으킵니다. 이렇게 죽은 별은 중성자별로 남게 됩니다.

태양질량의 25배보다 크다면, 마찬가지로 초신성 폭발이 일어나고 마지막에는 블랙홀이 남습니다. 참고로 별은 질량이 클수록 핵융합 연료를 빨리 소비하므로 수명이 짧아집니다.

별의 최후

별은 질량에 따라 다른 진화 과정을 거쳐 최후를 맞이한다. 질량이 클수록 핵융합 반응 연료를 빠르게 소모하므로 수명이 짧아진다.

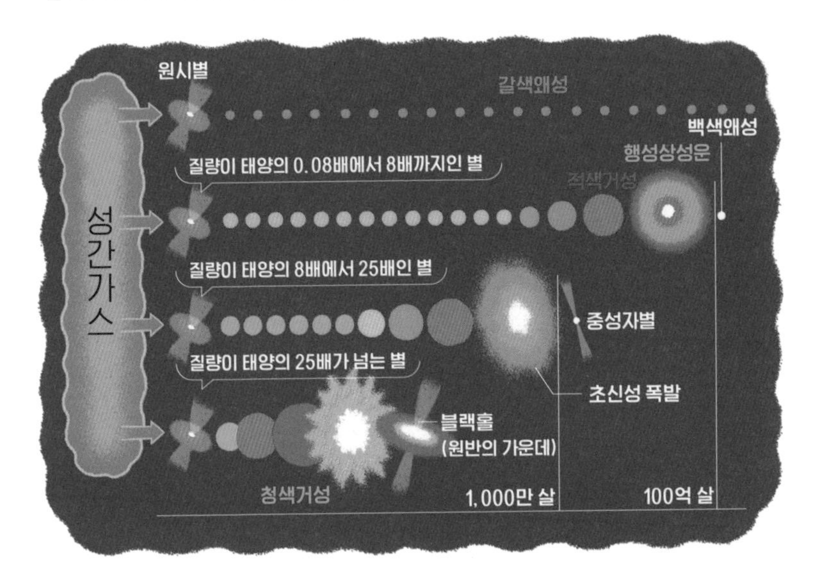

갈색왜성

질량이 태양의 1%~8% 정도이며 핵융합 반응이 일어나지만, 단기간에 멈춰버리므로 항성도 행성도 아닌 천체다. 다른 항성처럼 성간가스로부터 원시별이 되지만, 질량이 작아서 핵융합이 일어나지 않고 그대로 식어간다.

백색왜성

질량이 태양의 8배 이하인 항성이 마지막 단계에서 형성하는 천체다. 우주 항성의 97%는 백색왜성으로 생애를 마친다. 원래는 항성 중심부였기 때문에 고온인 천체이지만, 핵융합으로 새로운 에너지가 만들어지지 않아서 서서히 온도가 내려가며 어두워져 간다.

밝기가 변하는 별, 변광성

--------- 항성 중에는 밝기가 변화하는 것도 있는데, 이런 별을 변광성이라고 부릅니다. 변광성은 밝기가 변화하는 원인에 따라 종류가 나뉩니다.

별이 팽창·수축하는 현상을 맥동이라고 하고, 이 맥동에 의해 밝기가 변화하는 변광성을 맥동변광성이라 합니다. 맥동을 크게 나누면 별 전체가 단순히 수축·팽창을 반복하는 동경 맥동과 어떤 부분은 팽창하고 다른 부분은 수축하는 비동경 맥동 두 가지로 분류됩니다.

맥동변광성은 맥동 주기와 밝기가 변화하는 폭, 스펙트럼형과 같은 변광 특징 등에 따라 더 세세하게 나뉩니다. 그중에서도 1일~135일 주기로 0.1~2등급의 변광 폭, F~K인 스펙트럼형을 가지는 변광성을 세페이드라고 합니다.

세페이드 변광성은 주기와 절대 등급 사이에 일정한 관계가 있어서 변광 주기를 측정하면 진짜 밝기를 알 수 있습니다. 이 밝기와 겉보기 밝기를 비교해 지구와 가까운 은하의 거리를 특정합니다.

맥동변광성 외에도 별의 외층과 대기의 폭발로 단기간에 밝기가 증가했다가 서서히 어두워지는 변광이 발생하는 격변광성, 2개 이상의 별이 서로를 공전하는 연성계에서 별이 주기적으로 가려져 밝기 변화가 일어나는 식변광성 등이 있습니다.

맥동변광성

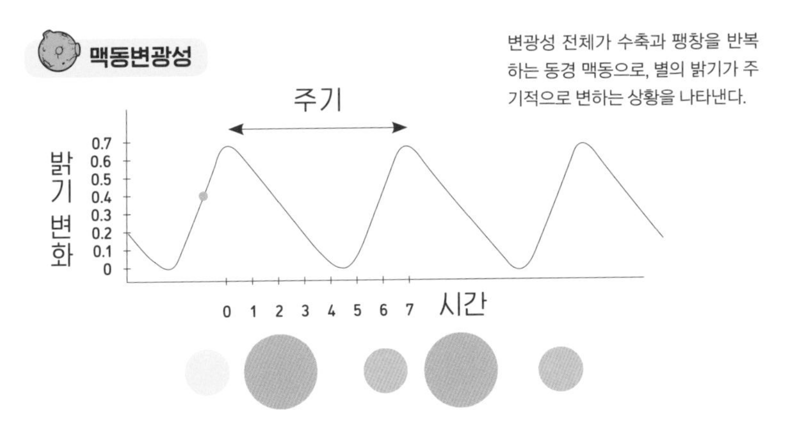

변광성 전체가 수축과 팽창을 반복하는 동경 맥동으로, 별의 밝기가 주기적으로 변하는 상황을 나타낸다.

세페이드 변광성 주기와 등급의 관계도

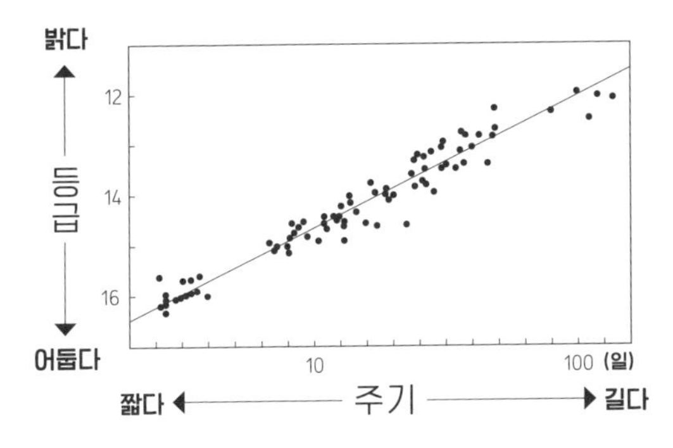

세로축은 겉보기 등급을 나타내지만, 대마젤란 은하 안의 별은 지구에서 보면 거의 같은 거리에 있는 것처럼 보이므로 절대 등급으로 변환할 수 있다. 세페이드 변광성은 밝기가 변화하는 주기와 절대 등급 사이에 일정한 관계가 있기 때문에 주기를 측정하면 절대 등급을 알 수 있다. 이를 겉보기 등급과 비교하면 별까지의 거리까지 알 수 있다.

고물자리 RS별

허블 우주망원경이 포착한 고물자리 RS별. 고물자리 RS별은 6,500만 광년 거리에 있으며, 약 6주 주기로 밝아졌다 어두워졌다를 반복한다.

우주를 진화시키는 초신성 폭발

--------- 백색왜성 표면에서 일시적으로 강력한 폭발이 일어나 짧은 시간 동안 확 밝아졌다가 천천히 어두워지는 별을 격변광성 또는 신성이라고 합니다. 별이 없었던 곳에 갑자기 새로운 별이 나타난 것처럼 보여서 그렇게 불렀습니다.

신성 중에서도 특히 밝은 천체는 초신성이라 하며, 연구가 진행되면서 초신성은 별 전체가 폭발하는 현상이라는 것을 알아냈습니다.

초신성은 빛을 주파수에 따라 분해한 스펙트럼의 특징에 따라 분류하는데, 가장 밝은 시기에 수소 흡수선이 나타나지 않는 I형과 수소선이 명확히 나타나는 II형으로 나눕니다. I형은 다시 규소 흡수선이 강한 Ia형, 규소 흡수선이 약하고 헬륨 흡수선이 보이는 Ib형, 어떤 것도 보이지 않는 Ic형으로 구분합니다.

Ia형은 백색왜성을 포함하는 쌍성에서 백색왜성이 핵폭발한 것으로, Ib, Ic, II형은 대질량 별이 중력 붕괴로 폭발한 것으로 추측합니다.

Ib, Ic형 초신성은 항성 대기에서 분출되는 항성풍(stellar wind)에 의해 수소 외층과 헬륨층을 잃은 별 중 질량이 큰 별이 폭발해서 생깁니다. 초신성 폭발은 질량이 큰 별 내부 또는 폭발할 때 합성된 여러 원소를 방출하므로 우주의 화학적 진화에 큰 영향을 줍니다.

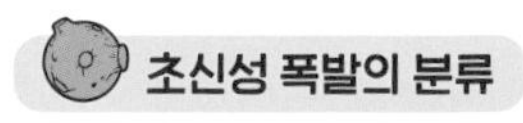

초신성 폭발의 분류

별 전체가 폭발하는 현상인 초신성 폭발은 빛을 주파수별로 분류한 스펙트럼의 성질에 따라 수소 흡수선이 없는 I형과 있는 II형으로 나뉜다.

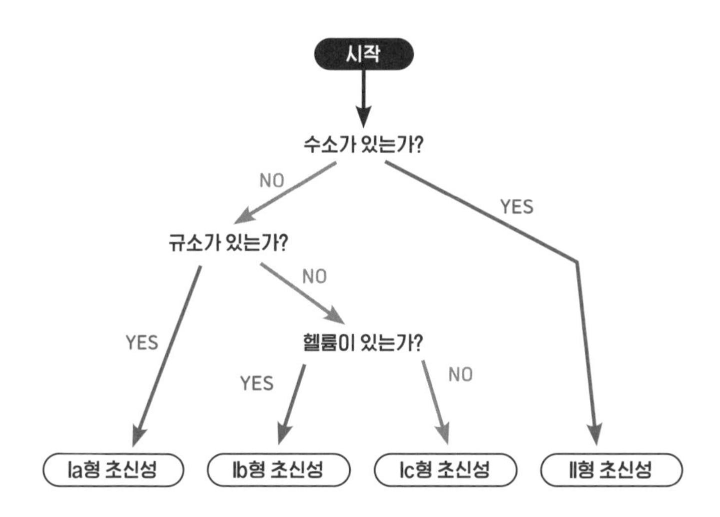

Ia형 초신성 폭발

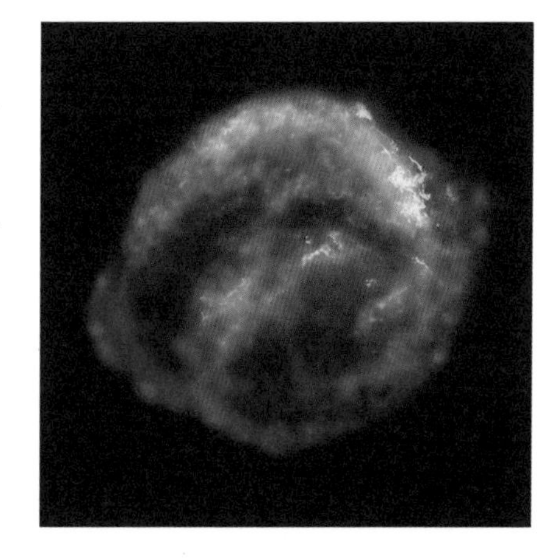

은하계 안에서 케플러 초신성이라 불린 Ia형 초신성 폭발 잔해. Ia형 초신성의 폭발은 최대 밝기가 거의 일정해서 표준 광원으로 사용되기도 한다. Ia형 초신성은 쌍성인 백색왜성이 열핵 반응으로 폭발을 일으키는 것이라 추측하지만, 폭발 원리는 아직 명확히 알려지지 않았다.

memo 쌍성(雙星)이란 두 별이 서로 중력의 영향을 주며 연합한 상태에 있는 것을 말합니다. 더 밝은 쪽을 주성, 다른 한쪽을 반성이라고 합니다.

작지만 무거운 중성자별

무거운 항성(태양의 8~25배 질량)이 진화 최종 단계에서 초신성 폭발을 일으키면 중성자가 남습니다. 이를 주성분으로 하는 밀집성(compact star)을 중성자별이라고 합니다. 태양의 1.4배 정도 질량이며, 반지름은 10km 정도인 초고밀도 천체입니다. 항성은 자신의 중력에 의해 수축하는 핵융합 압력으로 힘에 반발하며 형태를 지탱하지만, 중성자별은 중성자의 축퇴압이라는 압력과 강한 힘(핵력)으로 중심에 압축된 형태를 유지합니다.

스핀(입자의 고유한 자전 운동) 크기가 반정수(정수+1/2)인 입자를 페르미 입자 또는 페르미온이라고 부릅니다. 중성자는 페르미 입자에 속하는데, 페르미 입자는 하나의 상태에 반드시 한 개만 존재해야 합니다. 그러면 온도(에너지)가 가장 낮은 상태부터 순서대로 한 개씩 채워지고, 높은 에너지 상태에서도 마찬가지로 하나씩 채워져야 합니다. 이런 현상으로 만들어지는 힘(압력)을 축퇴압이라고 합니다.

중성자별은 강력한 사기장을 끌며 고속으로 회전하고, 전자기파와 X선 등의 빔을 방출합니다. 빔이 방사되는 방향인 자기장의 극과 자전축은 서로 어긋나 있으므로 등대처럼 빙글빙글 돌면서 지구를 비춥니다. 이처럼 짧은 주기로 끊어졌다 이어졌다 하며 전자기파를 방출하는 것처럼 보이는 천체를 펄서(맥동전파원)라고 합니다.

중성자별

컴퍼스자리에 있는 젊은 고(高)에너지 펄서(중성자별)인 PSR B1509-58. 중성자별은 중성자로 이루어진 밀집된 천체다.

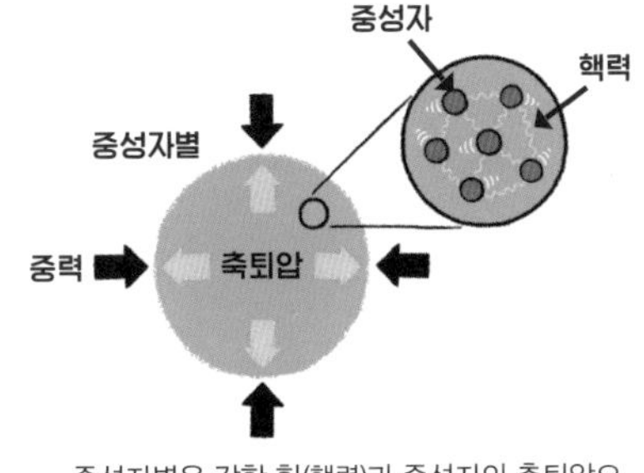

중성자별은 강한 힘(핵력)과 중성자의 축퇴압으로 자신의 중력을 떠받쳐서 형태를 유지한다.

펄서가 도달하는 원리

강력한 자기장을 지닌 중성자별이 1초에 1회전 정도의 빠르기로 고속 회전하면 자기장의 극 방향으로 전자기파와 X선 빔이 나온다. 이때 자전축과 빔의 방향이 어긋나 있으므로 회전으로 인한 단속적 전파 같은 빔이 지구에 도달한다.

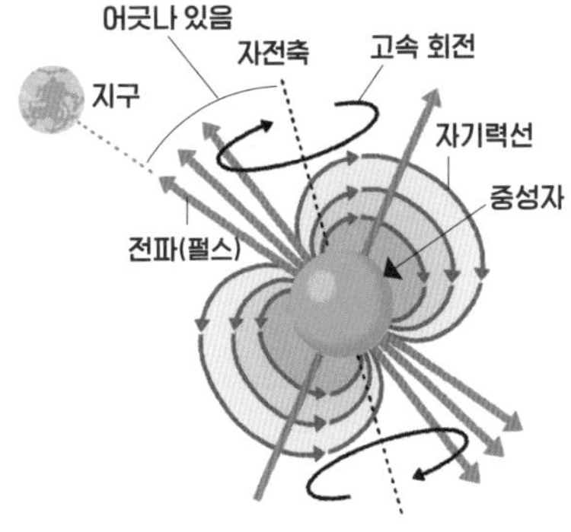

E

고온 상태

(높음)

페르미 입자

에너지 준위

다른 상태

(낮음)

페르미 입자와 축퇴압

마이크로 입자가 가질 수 있는 에너지 값을 에너지 준위라고 한다. 양자론에서는 에너지 준위의 값이 연속적이지 않고 서로 띄엄띄엄 떨어져 있다. 페르미 입자는 하나의 에너지 준위에 하나의 입자만 들어갈 수 있다. 그 결과 높은 에너지 상태인 입자가 존재한다. 이로부터 생겨난 압력을 축퇴압이라고 한다.

memo 통상적인 별과 비교했을 때 질량에 비해 크기가 작은 천체를 밀집성이라고 합니다. 백색왜성이나 중성자별, 블랙홀도 밀집성에 속합니다.

무거운 별일수록 죽을 때 방대한 에너지를 방출한다

--------- 우주에서는 수 초부터 수 시간에 걸쳐서 감마선이라는 빛을 폭발적으로 방출하는 감마선 폭발 현상을 볼 수 있습니다. 이 현상이 처음 발견된 것은 1960년대이고 하루에 몇 번꼴로 일어난다고 알려져 있습니다.

관측되는 감마선 폭발은 지구에서 10억 광년 넘게 떨어져 있으며, 그 에너지는 태양이 100억 년 동안 방출하는 에너지를 한순간에 웃돌 정도로 큰 것이 특징입니다. 감마선 폭발에는 크게 두 가지 종류가 있는데 지속 시간이 2초보다 짧으면 짧은(short) 감마선 폭발, 2초보다 길면 긴(long) 감마선 폭발이라고 합니다.

일반적인 초신성의 10배 이상 되는 폭발 에너지를 내는 초신성을 극초신성이라고 합니다. 질량이 태양의 약 25배 이상인 항성의 Ic형 초신성 폭발은 극초신성이 되어 긴 감마선 폭발을 일으키고 블랙홀이 됩니다.

일부 물질은 제트라고 불리는 고속 입자 흐름이 되어 단속적(끊어졌다 이어졌다 하는 것)으로 분출됩니다. 느린 제트와 나중에 나온 빠른 제트가 충돌해서 대량의 감마선이 제트 방향으로 가느다란 빔 형태로 방출되어 긴 감마선 폭발이 된다고 추측하고 있습니다.

감마선 폭발

GRB 990123이라고 불리는 감마선 폭발의 잔광 사진. 감마선 폭발은 감마선이라는 빛을 수 초에서 수 시간 동안 폭발적으로 방출하는 것으로 천문학에서 가장 밝은 물리 현상이다. 감마선 폭발이 일어난 후에는 X선의 잔광을 며칠 동안 볼 수 있다.

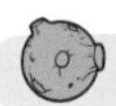

감마선 폭발 지속 시간

감마선 폭발은 지속 시간 2초를 기준으로 짧은 감마선 폭발과 긴 감마선 폭발로 나눈다.

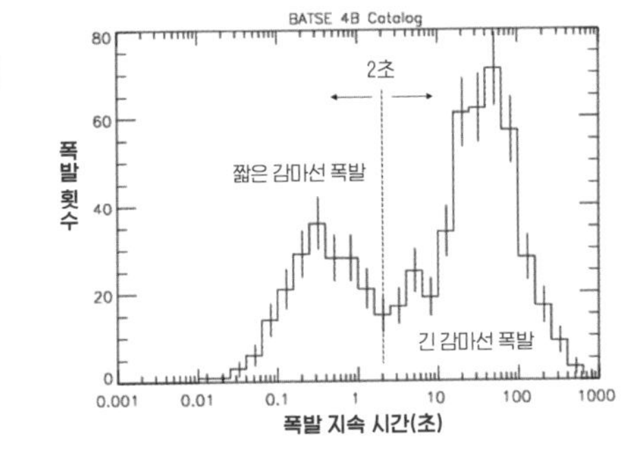

내부 충격파 모델

일부 물질은 제트라고 불리는 고속 입자 흐름이 되어 블랙홀에서 분출된다. 이것들이 충돌해서 긴 감마선 폭발이 일어난다.

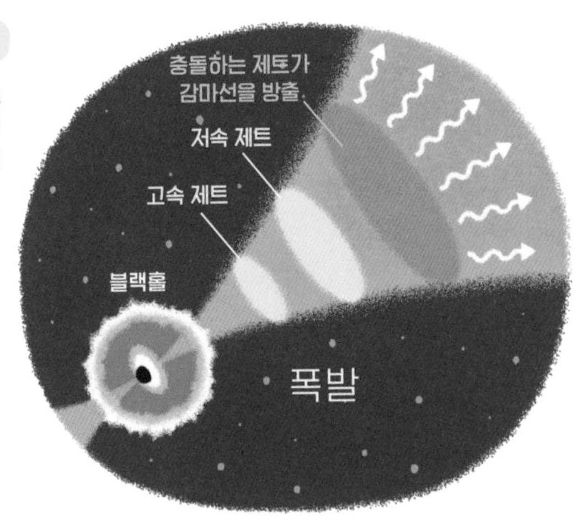

memo 짧은 감마선 폭발은 중성자별끼리 합체하는 현상으로 인해 발생한다고 추측합니다.

비어 있는 우주공간에는 정말 아무것도 없을까?

우주공간은 아무것도 없는 진공처럼 보이지만, 실제로는 물질이 존재합니다. 은하 내부의 별 사이에 존재하는 물질을 성간물질이라고 합니다. 성간물질은 성간가스와 성간먼지로 이루어져 있습니다.

성간가스는 수소가 약 70%, 헬륨이 약 30%인 기체로 아주 약간의 산소, 탄소, 질소, 규소, 철 등을 포함합니다. 전형적인 성간가스 밀도는 $1cm^3$당 수소 원자 한 개 정도로 낮습니다. 성간가스는 온도와 밀도 등에 따라 코로나 가스, 성운간물질, H II 영역, H I 가스 구름, 분자구름 등으로 나뉩니다.

우주티끌이라고도 부르는 성간먼지는 별 사이에 존재하는 작은 입자입니다. 크기는 보통 1μm(마이크로미터) 이하입니다. 성간먼지는 크게 규소계와 탄소계로 나뉘며, 별이 내는 빛을 흡수하거나 산란해서 빛의 진행을 방해합니다.

먼지 입자는 항성 진화와 초신성 폭발 등의 최종 단계에서 만들어져 우주에 방출된 것입니다. 먼지는 가스와 함께 모여서 주로 수소 분자로 이루어진 구름 같은 집합을 형성하는데, 이를 분자구름이라고 합니다. 그중에서 특히 밀도가 높은 영역(분자구름 코어)에서는 자체 중력으로 물질이 모여 새로운 별이 생겨나는 것으로 알려져 있습니다.

성간물질

은하 내부의 별과 별 사이

은하 안의 천체 사이에는 성간가스와 성간먼지가 있다. 성간가스는 수소와 헬륨으로 이루어진 기체이고, 성간먼지는 1μm 이하의 작은 입자를 말한다.

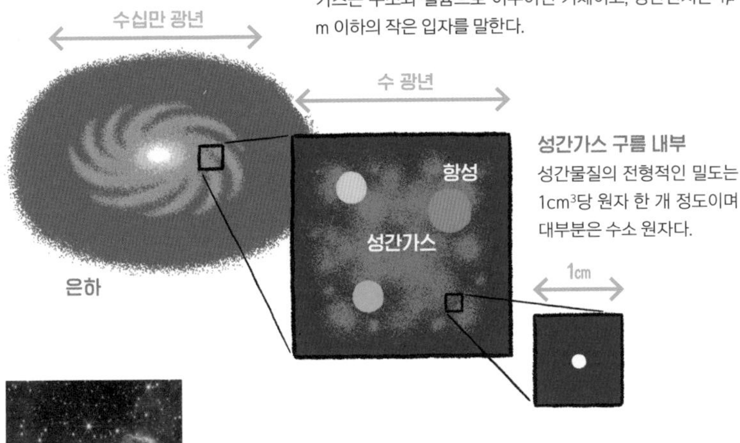

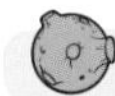

분자구름

뱀자리 방향으로 약 6,500만 광년 떨어진 곳에 있는 독수리 성운의 일부. 이 영역은 '창조의 기둥'이라고 불리며, 기둥처럼 보이는 부분은 가스와 먼지가 모여서 생긴 차가운 분자구름이다. 이 안에서 특히 밀도가 큰 영역인 분자구름 코어에서는 새로운 별이 만들어진다.

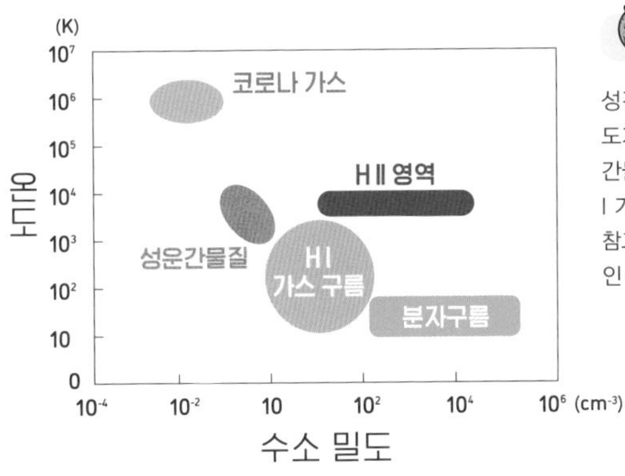

성간가스

성간가스는 고온인 코로나 가스, 온도가 1만 K 정도에 중간 밀도인 성운간물질, 100K 정도에 중간 밀도인 H I 가스 구름, 수소가스가 전리(180쪽 참고)된 H Ⅱ 영역, 10K 정도에 고밀도인 분자구름 등으로 나뉜다.

우주에는 은하가 무려 1조 개나 있다?

--------- 수많은 항성과 가스, 먼지, 암흑물질의 집합이 중력에 의해 형태를 유지하는 천체를 은하라고 합니다. 하지만 항성이 몇 개 모여야 은하가 된다는 정의는 따로 없습니다.

우주 전체에는 1,000억~1조 개의 은하가 있다고 추정합니다. 은하는 10억 개 이하의 항성을 포함하는 작고 어두운 왜소은하와 그것보다 크고 밝은 거대은하로 나뉩니다.

거대은하는 형태에 따라 타원은하, 나선은하, 막대나선은하, 렌즈은하, 불규칙은하로 분류합니다. 이 중 타원은하는 다른 은하에 비해 구조적인 특징이 없는 타원 형태의 은하이며, 타원 정도에 따라 더 세세하게 분류합니다.

나선은하는 소용돌이 구조(나선팔)를 띠는 은하이고, 막대나선은하는 중앙 부분에 있는 팽대부(bulge)라고 불리는 영역이 평탄한 막대 형상이며 그 양 끝이 나선 구조인 은하입니다. 렌즈은하는 타원은하보다 납작하고, 나선팔이 없으며 볼록렌즈 같은 형상을 하고 있습니다. 불규칙은하는 이름처럼 분명한 구조가 보이지 않는 불규칙한 형태가 특징입니다. 이런 거대은하 분류법을 허블 분류라고 합니다.

허블 분류

거대은하는 형태에 따라 아래와 같이 분류한다.

타원은하
약 5,000만 광년 거리에 있는 처녀자리 타원은하 M87

나선은하
허블 우주망원경이 촬영한 나선은하 M51

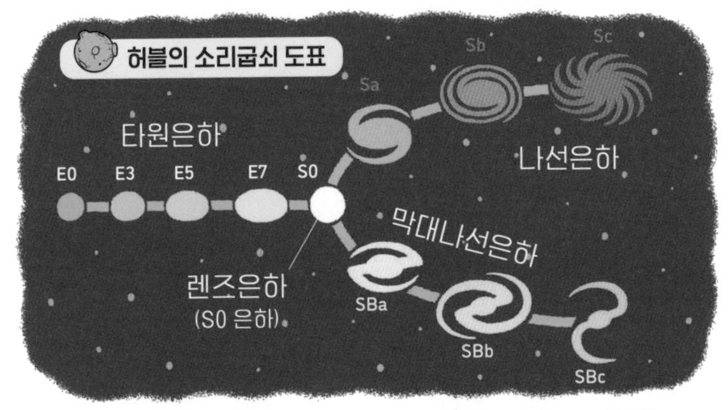

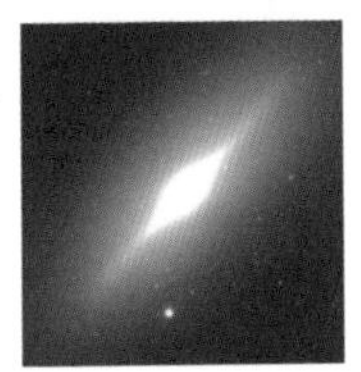

렌즈은하
CFHT(캐나다·프랑스·하와이 망원경)로 촬영한 렌즈은하 NGC3115

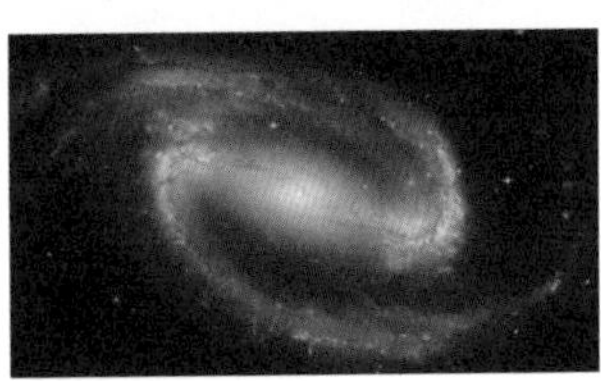

막대나선은하
허블 우주망원경이 촬영한 막대나선은하 NGC1300

memo 허블 분류를 정리한 그림을 '허블의 소리굽쇠 도표'라고 합니다. 이것은 은하를 모양에 따라 분류한 그림으로, 은하의 진화를 나타내는 그림은 아닙니다.

--------- 나선은하는 나선팔이라고 하는 나선 구조가 가장 큰 특징입니다. 전체 은하의 약 60% 이상이 나선은하라고 합니다. 나선은하는 나선의 정도에 따라 다시 분류됩니다.

나선은하 중심에는 오래된 별로 이루어진 평탄한 고밀도 타원체 구조인 팽대부가 있습니다. 많은 팽대부 중심에 초대질량 블랙홀이 존재한다고 합니다. 팽대부를 둘러싼 원반 모양의 구조는 은하 원반이라고 하며, 팽대부를 중심으로 원운동을 합니다.

은하 원반 내부에는 팽대부에서 팔이 뻗은 것처럼 소용돌이치는 구조가 있습니다. 이것을 나선팔이라고 합니다. 나선팔은 매우 젊은 별과 성간물질이 모여서 생겨났으며, 이곳에서는 별이 활발하게 만들어지고 있습니다.

은하 전체는 헤일로라는 구상(공 모양) 구조로 덮여 있습니다. 헤일로는 세 가지 층으로 나뉘는데, 가장 안쪽에 있는 광학 헤일로에는 빛으로 볼 수 있는 성단인 구상성단이 분포합니다. 광학 헤일로 바깥쪽에는 X선과 전파 관측으로 발견한 X선 헤일로가 있습니다. X선 헤일로는 희박한 고온 가스로 채워져 있으며, 바깥쪽에는 암흑물질로 이루어진 암흑 헤일로가 펼쳐진다고 알려져 있습니다.

나선은하의 구조

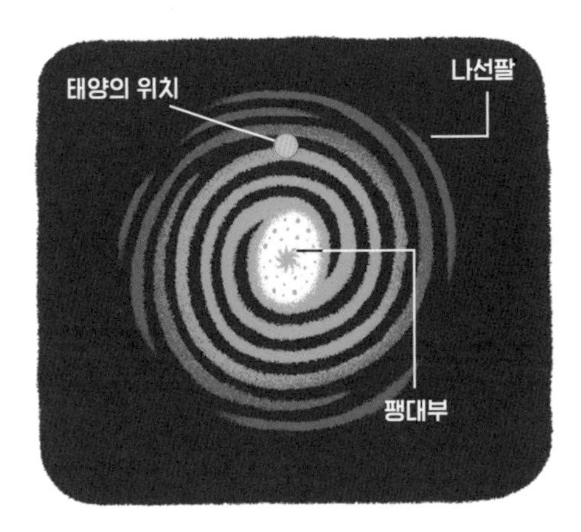

은하 원반 위에서 나선은하를 본 그림

나선팔이라 부르는 나선 구조에는 성간물질과 종족 I에 속하는 젊은 별이 모여 있다. 중심에는 오래된 별로 이루어진 평탄한 타원체 구조인 팽대부가 있다.

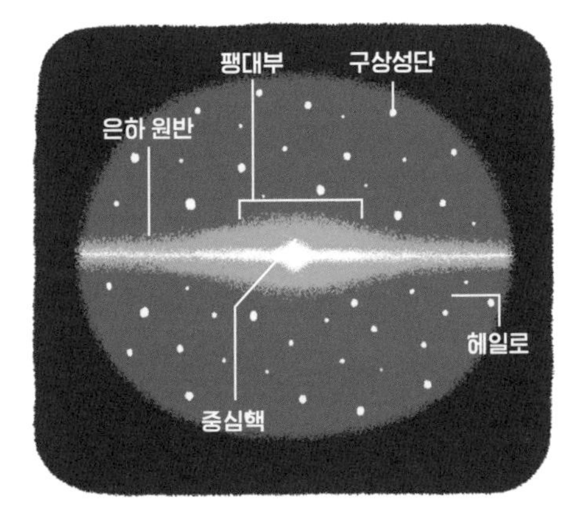

은하 원반 옆에서 나선은하를 본 그림

헤일로는 광학 헤일로, X선 헤일로, 암흑 헤일로라는 세 가지 층으로 나뉜다. 광학 헤일로에는 종족 II의 오래된 별로 이루어진 구상성단이 있다. 그 바깥에는 희박한 고온 가스로 채워진 X선 헤일로, 가장 바깥쪽에는 암흑물질로 이루어진 암흑 헤일로가 있다.

태양계가 은하계를 한 바퀴 도는 데 걸리는 시간은?

우리가 사는 태양계를 포함한 은하에는 여러 이름이 있는데 은하계, 우리 은하 또는 은하수 은하라고 합니다. 단순히 '은하'라고만 불러도 일반적으로는 태양계가 속한 은하를 지칭합니다.

은하계에는 수천억 개나 되는 항성이 있으며, 그 질량을 전부 더하면 태양의 약 1조 배가 된다고 합니다. 그중에서 빛을 내는 질량의 합은 약 5%이고, 나머지 95%는 정체불명의 암흑물질입니다.

은하계는 오랫동안 나선은하로 여겨졌지만, 현재는 나선은하에 막대 구조가 있는 막대나선은하라는 설이 유력합니다. 은하계의 지름은 약 10만 광년이며, 중심부는 두께 1만 5,000광년인 원반입니다. 중심에는 오래된 별이 모인 팽대부가 있고, 그 주위에 젊은 별이나 성간물질로 이루어진 은하 원반이 있습니다. 은하 원반 안에는 매우 젊은 별과 별의 기초가 되는 가스가 집중된 나선팔이 있습니다.

참고로 태양은 중심에서 약 3만 광년 떨어진 '오리온의 팔'이라 불리는 나선팔 안에 있습니다. 은하 원반을 둘러싼 헤일로에는 오래된 별로 구성된 구상성단이 많이 보입니다.

태양계는 초속 약 200km로 은하계 내부를 2억 년 걸려 일주한다고 알려져 있습니다. 밤하늘을 흐르는 은하수는 원반 모양의 은하 내부에서 원반 방향을 따라 은하를 바라본 은하계의 모습입니다.

은하계(은하수 은하)

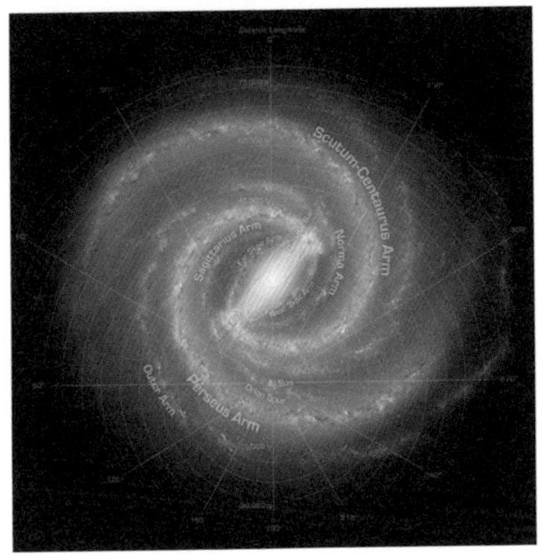

은하계를 나타낸 그림. 태양계가 속한 은하인 은하계는 은하수 은하, 은하, 우리 은하 등 여러 이름으로 불린다. 오랫동안 나선은하라고 추측했지만, 현재는 막대나선은하로 여겨진다.

일본 시가고원에서 촬영한 은하수

은하수의 정체

태양계는 은하계 중심에서 약 3만 광년 떨어진 나선팔인 '오리온의 팔'에 있다. 은하수가 밤하늘을 가로지르는 강처럼 보이는 이유는 은하계 안에서 은하 원반 방향을 보고 있기 때문이다.

수많은 은하가 모여 있는 초은하단

--------- 수많은 별, 가스, 티끌의 집합인 큰 은하끼리도 중력으로 서로 끌어당기면서 더 큰 은하 집단을 이룹니다. 3~10개 미만의 은하 집합이 중력에 의해 형태를 유지하는 천체를 은하군이라고 합니다. 은하계 역시 국부 은하군이라고 불리는 은하군에 속합니다. 전형적인 은하군의 크기는 1Mpc 정도이며(1Mpc은 약 326만 광년), 합계 질량은 태양질량의 10^{12}배에서 10^{13}배 정도입니다.

약 100개 이상의 은하 집합이 중력에 의해 형태를 유지하는 천체는 은하단이라고 합니다. 은하단의 전형적인 크기는 약 5Mpc 정도이고, 합계 질량은 태양질량의 10^{14}배에서 10^{15}배나 됩니다.

은하계에서 가장 가까운 은하단은 10Mpc(약 5,900만 광년) 떨어진 곳에 있는 처녀자리 은하단입니다. 나아가 여러 은하군이나 은하단이 모인 집합은 초은하단이라 하며, 그 크기는 무려 1억 광년 이상입니다. 즉 은하계에서 약 1억 광년 이내의 거리에 있는 은하는 전부 처녀자리 은하단을 중심으로 하는 처녀자리 초은하단에 속합니다.

①
사자자리 은하 I
Leo I
거리: 84만 광년
지름: 1,000광년
왜소타원은하

②
사자자리 은하 II
Leo II
거리: 78만 광년
지름: 500광년
왜소타원은하

③
작은곰자리 은하
Ursa Minor
거리: 22만 광년
지름: 1,000광년
왜소타원은하

④
용자리 은하
Draco system
거리: 26만 광년
지름: 500만 광년
왜소타원은하

⑤
은하계
Galaxy
거리: –
지름: 10만 광년

⑥
대마젤란 은하
LMC
거리: 16만 광년
지름: 2만 광년
왜소불규칙은하

⑦
용골자리 은하
Carina dE
거리: 35만 광년
지름: 500광년
왜소타원은하

⑧
소마젤란 은하
SMC
거리: 20만 광년
지름: 1만 5,000광년
왜소불규칙은하

⑨
조각실자리 은하
Sculptor system
거리: 27만 광년
지름: 1,000광년
왜소타원은하

⑩
화로자리 은하
Fornax system
거리: 48만 광년
지름: 3,000광년
왜소타원은하

⑪
NGC147
거리: 218만 광년
지름: 1만 광년
타원은하

⑫
안드로메다 은하
NGC224 M31
거리: 250만 광년
지름: 15~22만 광년
나선은하

⑬
NGC598 M33
거리: 296만 광년
지름: 4만 5,000광년
나선은하

⑭
NGC6822
거리: 157만 광년
지름: 8,000광년
왜소불규칙은하

⑮
IC1613
거리: 243만 광년
지름: 1만 2,000광년
왜소불규칙은하

우주의 텅 빈 영역, 보이드

--------- 별이 모여 은하가 되고, 은하가 모여 은하군과 은하단을 구성한다고 설명했습니다. 나아가 우주를 더 크게 내다보면 어떤 구조를 하고 있을까요?

우주에는 1억 광년 크기에 은하가 모여 있는 초은하단이라는 구조가 있는 한편, 1억 광년 이상 은하를 거의 찾아볼 수 없는 텅 빈 영역도 있습니다. 이런 거대한 공간을 보이드(void)라고 합니다.

여러 은하단 사이에는 가늘고 긴 띠 모양의 은하 분포가 이어져 있는데, 이것을 필라멘트 구조라고 합니다. 초은하단은 필라멘트 구조로 보이드를 감싸듯이 분포합니다. 은하단과 그것들을 잇는 필라멘트 구조, 그리고 보이드가 형성하는 구조를 우주의 대규모 구조라고 합니다.

우주 탄생으로부터 약 38만 년이 지나 우주의 맑게 갬(112쪽 참고) 이후 우주의 물질 밀도는 거의 균일해졌는데, 그 밀도 차이가 불과 0.1% 정도였다고 추측합니다. 하지만 이 정도 차이에서도 밀도가 더 큰 부분에는 중력에 의해 물질이 모이고, 밀도가 작은 부분은 더 희박해졌습니다. 밀도가 커서 암흑물질이 모여든 곳에서는 별이 탄생하고, 별이 모여서 은하를 형성하고, 은하가 모여서 은하단이 되는 등 우주의 대규모 구조가 만들어진 것으로 알려져 있습니다.

우주의 대규모 구조

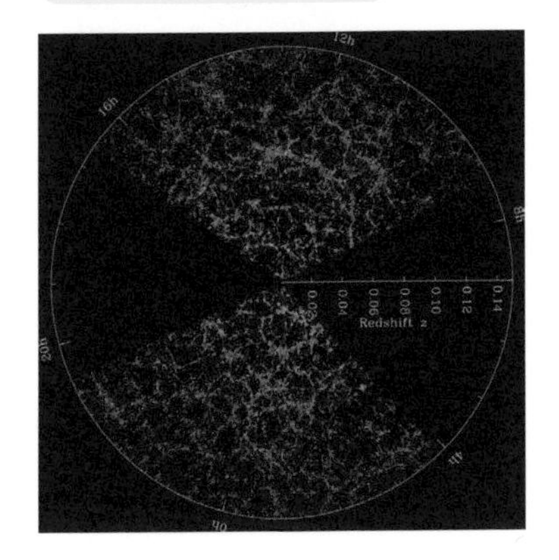

은하의 대규모 조사 관측 프로젝트인 슬론 디지털 전천탐사(SDSS. Sloan Digital Sky Survey)에서 얻은 은하 분포. 범위는 지구로부터 약 19억 광년까지다. 우주의 대규모 구조를 확인할 수 있다. 좌우의 어두운 부분은 은하계의 방해로 관측할 수 없는 방향이다.

우주 지도

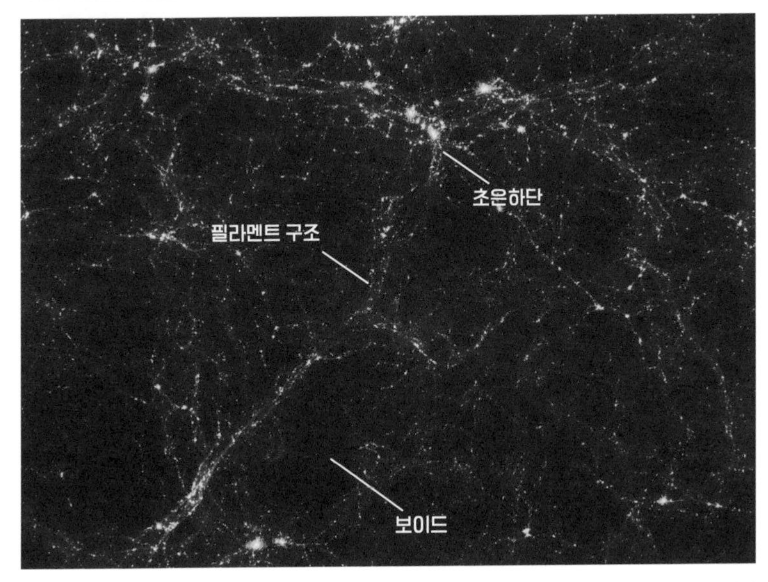

5,000만 광년에 걸친 우주공간을 컴퓨터로 시뮬레이션한 결과 이미지. 초은하단은 가늘고 긴 띠 모양의 은하 분포인 필라멘트 구조로 인해 은하가 거의 없는 공간(보이드)을 둘러싼 그물처럼 분포한다. 이 구조를 우주의 대규모 구조라고 부른다.

천구는 지상에서 보는 별의 움직임을 나타낸다

-------- 관측하는 사람을 중심으로 그린 가상 구면을 천구라고 합니다. 실제 천체는 각각 다른 거리에 있지만, 너무 멀리 있어서 지상에서는 그 거리 차이를 실감할 수 없습니다. 즉 천문대에 있는 플라네타륨(천체 투영기)처럼 자신을 중심으로 한 구면에 천체들이 붙어 있는 것처럼 보입니다. 그래서 지구에서 보이는 천체 위치와 움직임은 천체까지의 거리를 무시하고 천구 위에 표시하는 것이 편리합니다.

지구 자전축을 남북으로 연장했을 때 천구와 교차하는 점을 각각 천구의 남극·천구의 북극이라고 하며, 지구의 적도 면을 연장했을 때 천구와 교차해서 생기는 원을 천구의 적도라고 합니다.

태양은 천구 위를 1년 동안 이동하는데, 이 경로를 황도라고 합니다. 지구 자전축은 공전 면에 대해 기울어져 있으므로 황도도 천구의 적도에 대해 기울어져 있습니다. 그래서 황도와 천구의 적도는 두 점에서 만납니다. 태양이 천구의 남반구에서 북반구로 이동하는 점을 춘분점, 북반구에서 남반구로 이동하는 점을 추분점이라고 합니다.

지구 위에서처럼 천구 위에서도 위도와 경도를 사용해서 위치를 나타냅니다. 천구의 적도를 기준으로 남북 방향으로 측정한 위도를 적위, 춘분점을 기준으로 측정한 경도를 적경, 이 둘을 함께 나타낸 것을 적도좌표라고 합니다.

천구

천체의 위치는 관측자를 중심으로 한 가상 구면에서 위치를 지정하는 것이 편리하다. 실제 천체는 멀리 있으므로 거리감을 느낄 수는 없다. 즉 실제로 천체 위치를 지정하려면 방향만이 아니라 거리까지 필요하다.

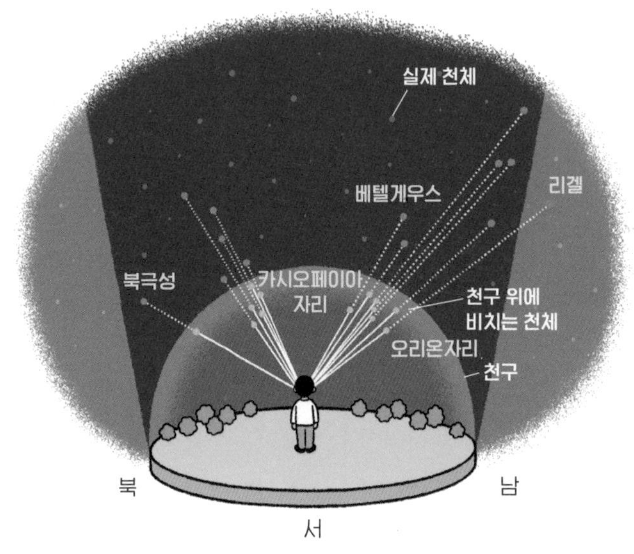

적도좌표

지구에서 위치를 경도와 위도로 지정하듯이, 천구상의 위치는 주로 적위와 적경이라고 하는 적도좌표를 사용해서 지정한다. 황도를 기준으로 한 황도좌표도 있다.

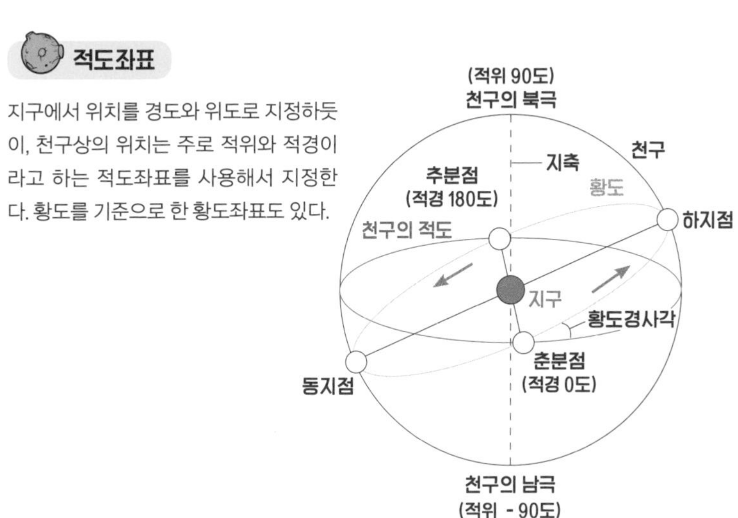

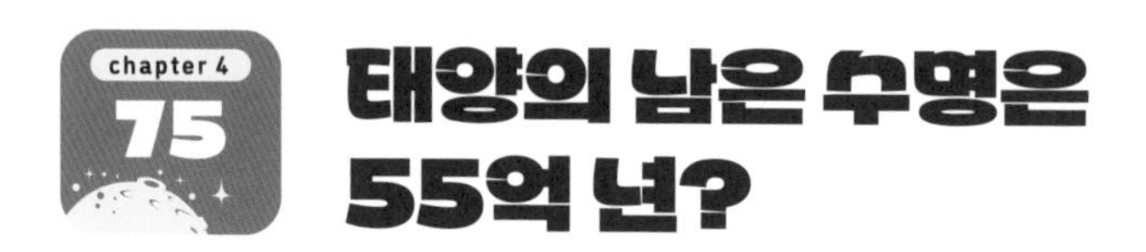

태양의 남은 수명은 55억 년?

태양은 질량이 평균적인 주계열성입니다. 태양의 주요 성분은 수소 약 70%, 헬륨 약 25%이며, 산소, 탄소, 철 등은 각각 1% 이하로 존재합니다.

태양 중심핵에서는 수소가 헬륨으로 융합되는 핵융합 반응이 일어나고 있어서 온도는 약 1,500만 K이나 됩니다. 이 영향으로 태양을 구성하는 원자는 플라스마 상태로 존재합니다. 핵융합 반응에서 감마선으로 방출된 에너지는 고온·고압 상태에서 플라스마 입자와 부딪히면서 이동합니다. 이로 인해 태양 내부의 복사층에서 광구라고 불리는 표층에 도달하기까지 수십만 년이나 걸립니다. 그사이에 에너지를 잃어서 가시광선·자외선·적외선 등의 태양광으로 방출됩니다.

태양의 현재 나이는 약 46억 년입니다. 남은 수명은 중심부의 수소를 전부 사용하는 시점인 약 55억 년으로 예측하고 있습니다. 중심부에서 핵융합 반응이 끝나면 중심부는 수축하고 바깥쪽은 지구에 닿을 정도의 크기로 팽창해서 압력과 온도가 내려가는 적색거성이 됩니다. 결국엔 끝까지 팽창해서 외층부를 방출하고, 행성상성운을 거쳐 백색왜성이 되는 최후를 맞이할 것입니다.

태양

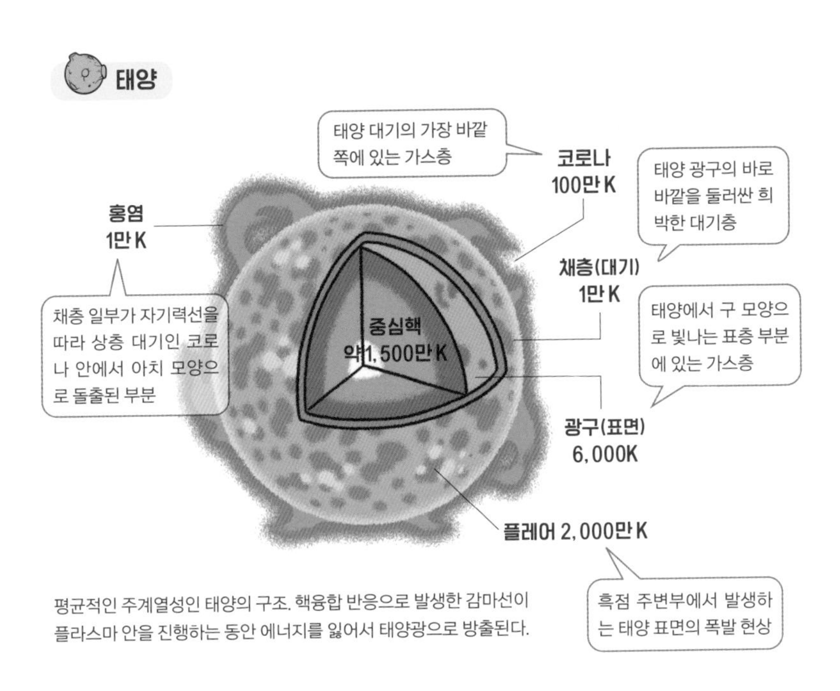

평균적인 주계열성인 태양의 구조. 핵융합 반응으로 발생한 감마선이 플라스마 안을 진행하는 동안 에너지를 잃어서 태양광으로 방출된다.

태양의 최후

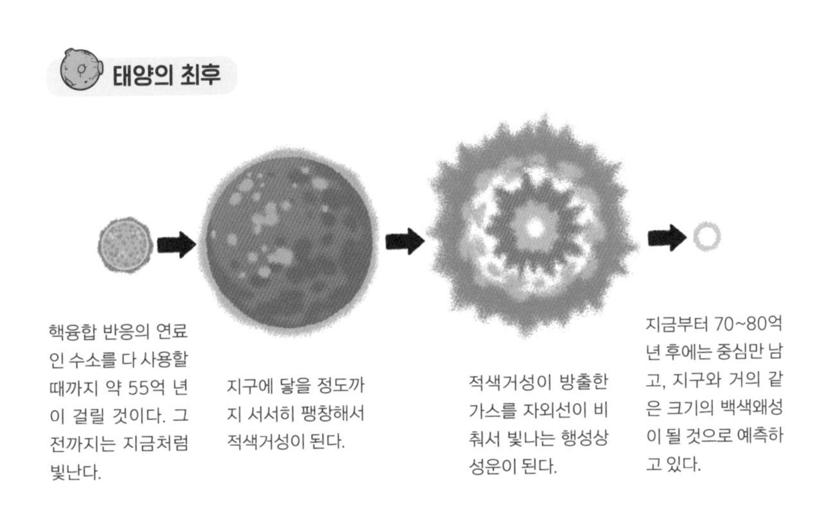

태양계 전체 질량의 99.87%는 태양의 질량이다

--------- 중력으로 인해 지구가 태양 주위를 도는 것을 공전이라고 하고, 이처럼 항성의 중력에 의해 공전하는 여러 천체 집단을 행성계라고 합니다. 특히 태양을 항성으로 하는 행성계는 태양계라고 부릅니다.

태양계는 약 46억 년 전에 가스와 고체 먼지로 이루어진 분자구름에서 형성되었다고 여겨집니다. 태양계는 여덟 개의 행성인 수성, 금성, 지구, 화성, 목성, 토성, 천왕성, 해왕성과 이들에 딸린 위성, 왜행성, 소행성, 혜성, 행성 사이의 먼지로 구성되어 있습니다.

태양의 행성계를 태양계라고 한다. 태양계는 행성, 왜행성, 위성, 소행성, 혜성 등으로 이루어져 있다.

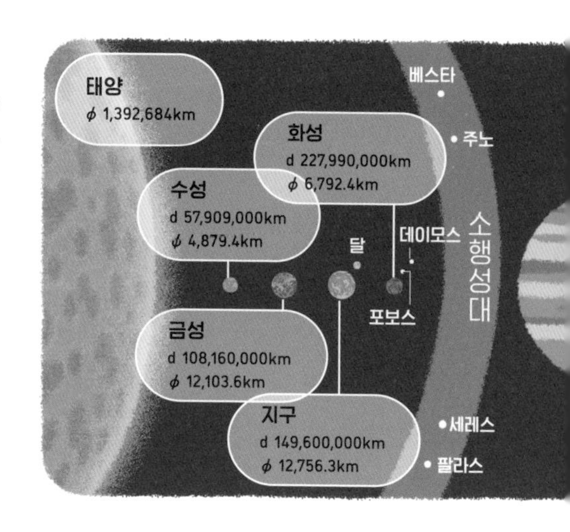

태양계의 행성은 태양 주위를 도는 충분히 큰 천체이며, 그 궤도에서 다른 천체를 배제한 것입니다. 공전하는 행성 외의 천체 중에서 그 자신이 둥근 형태가 될 수 있을 만큼의 중력을 지닌 천체는 왜행성이라고 합니다. 위성은 행성을 공전하는 천체이고, 소행성은 행성, 위성, 왜행성을 제외한 작은 천체 중에서 목성 궤도보다 안쪽에 있는 것을 가리킵니다. 태양계 안쪽에서 가스와 먼지를 방출하는 얼음 천체는 혜성입니다.

이들 천체는 태양 주위를 거의 같은 평면 위에서 같은 방향으로 타원 궤도를 그리며 공전합니다. 태양에서 해왕성까지의 거리는 약 45억 km입니다. 태양계는 이처럼 많은 천체로 구성되어 있지만, 태양을 제외한 천체를 모두 합쳐도 태양계 전체 질량의 약 0.13%밖에 되지 않습니다. 즉 99.87%는 태양질량이 차지합니다.

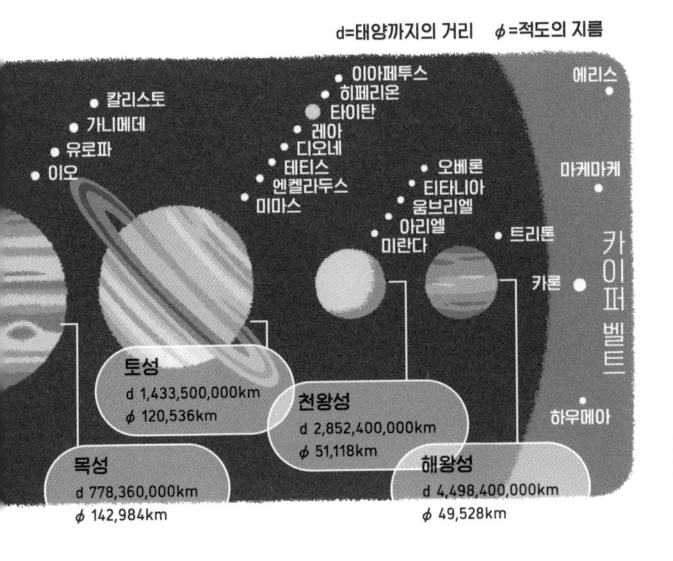

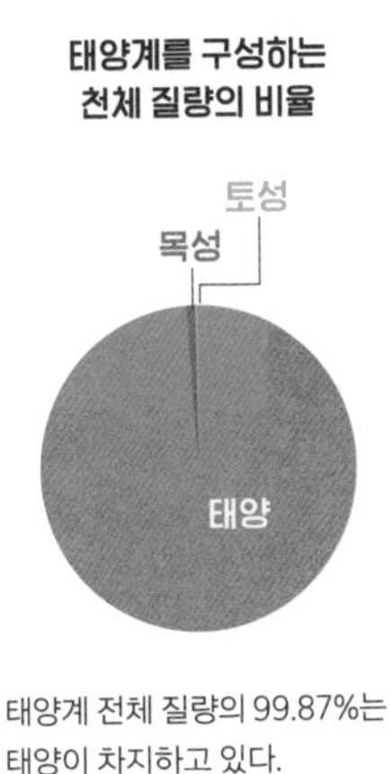

태양계 전체 질량의 99.87%는 태양이 차지하고 있다.

각양각색 태양계 행성의 모습들

행성도 사람과 마찬가지로 각자 지닌 개성이 있습니다. 여기서는 각 행성의 독특한 모습을 소개하려고 합니다. 여러 인공위성과 탐사선이 촬영한 가공되지 않은 자연 그대로의 모습도 보여드리겠습니다.

주로 암석이나 금속으로 이루어진 행성을 지구형 행성이라고 합니다. 지구형 행성으로는 수성, 금성, 지구, 화성이 있습니다.

지구형 행성

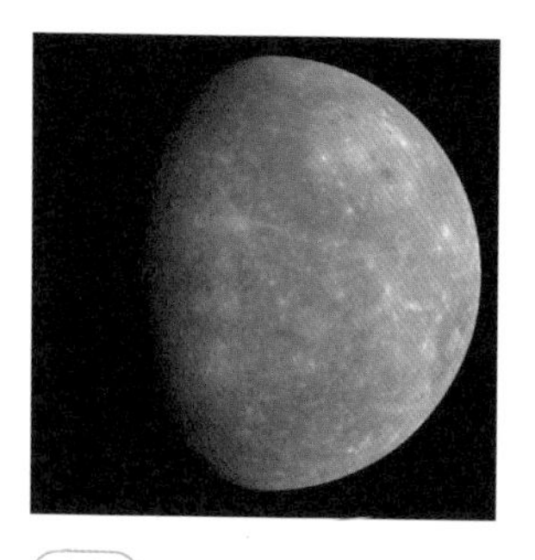

수성

2008년에 메신저호가 촬영한 수성

금성

2018년에 아카츠키호가 촬영한 금성

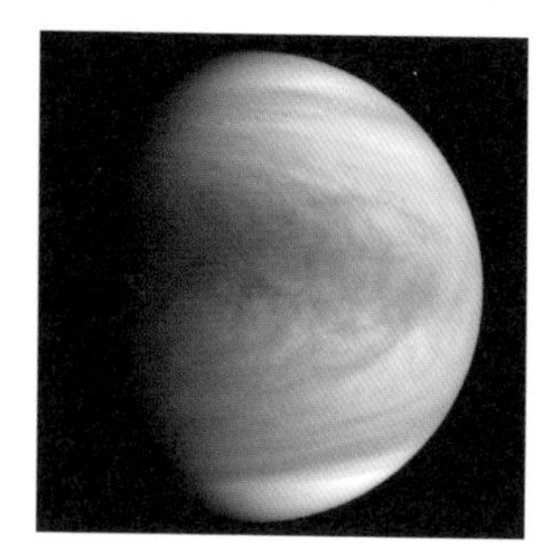

수성은 태양에 가까워서 온도가 약 400℃로 뜨겁습니다. 하지만 수성에는 대기가 거의 없어서 열을 유지하지 못하므로 밤에는 영하 약 160℃까지 내려갑니다. 일교차가 엄청난 행성이지요.

금성은 고농도 황산으로 이루어진 두꺼운 구름으로 덮여 있습니다. 금성은 태양계 행성 가운데 유일하게 자전이 공전과 반대 방향이며, 자전 주기(약 243일)보다 공전 주기(약 225일)가 더 짧습니다. 그래서 금성에서는 태양이 서쪽에서 떠서 동쪽으로 집니다.

지구는 현재까지 생명체의 존재가 확인된 유일한 천체입니다. 지구에는 인간을 포함해 수백만 종에서 수천만 종에 이르는 생물이 살아가고 있습니다.

화성에는 태양계 최대의 산인 올림푸스산이 있습니다. 높이가 무려

지구 2001년에 MODIS 위성이 촬영한 지구

화성 2007년에 로제타호가 촬영한 화성

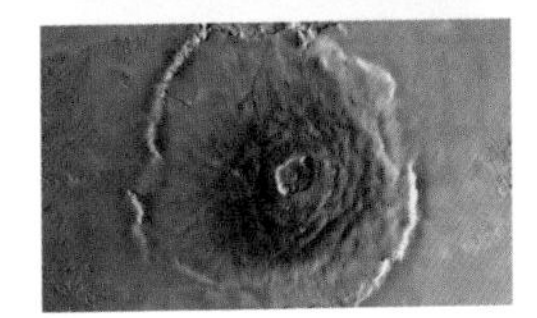

올림푸스산 NASA가 촬영한 올림푸스산

약 2만 7,000m나 됩니다. 참고로 지구에서 가장 높은 산인 에베레스트산은 약 8,800m이므로 올림푸스산의 높이는 에베레스트산의 약 3배입니다.

목성과 토성처럼 수소와 헬륨 가스를 주성분으로 하는 행성을 목성형 행성이라고 합니다. 그중에서 천왕성과 해왕성처럼 암모니아, 메탄을 많이 포함하는 행성은 천왕성형 행성이라고도 부릅니다.

목성은 태양계에서 가장 큰 행성입니다. 목성에는 눈에 띄는 커다란 줄무늬가 있으며, 이것은 두께가 약 3,000km나 되는 암모니아 구름으로 이루어져 있습니다. 이 구름에는 대적반(Great Red Spot)이라고 하는 지구 한두 개가 들어갈 정도로 큰 고기압 폭풍이 소용돌이치고 있습니다.

목성형 행성

목성

2000년에 카시니호가 촬영한 목성

토성

2004년에 카시니호가 촬영한 토성

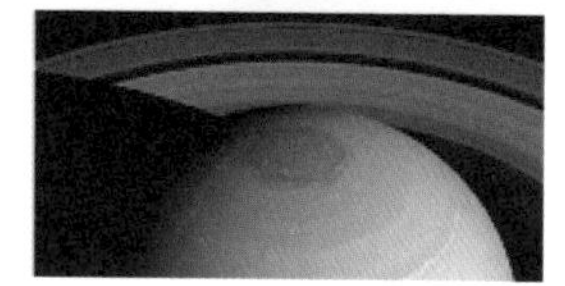

2014년에 카시니호가 촬영한 북극의 육각형 구름무늬

토성은 수 미터 이하의 암석과 얼음이 모여서 이루어진 고리가 가장 큰 특징입니다. 토성 북극에서는 육각형 구름무늬가 발견되었는데, 왜 이런 무늬가 생기는지는 완전히 알려지지 않았습니다.

천왕성은 자전축이 옆으로 누운 채로 태양 주위를 공전합니다. 옆으로 넘어진 것은 다른 천체와 대규모 충돌이 있었기 때문이라는 설이 있습니다. 축이 옆으로 누워 있으므로 천왕성에서는 공전 주기의 절반인 42년간 낮이 계속된 후에 42년간 밤이 계속됩니다.

해왕성은 매우 아름다운 파란색으로 보이지만, 사실 이것은 해왕성 대기 중의 메탄이 태양광의 붉은색을 흡수해서 파란색만 반사하기 때문입니다.

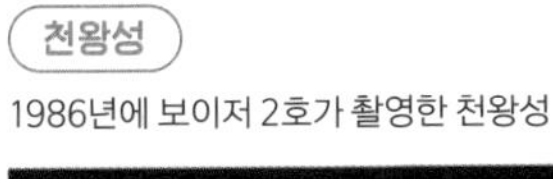

천왕성

1986년에 보이저 2호가 촬영한 천왕성

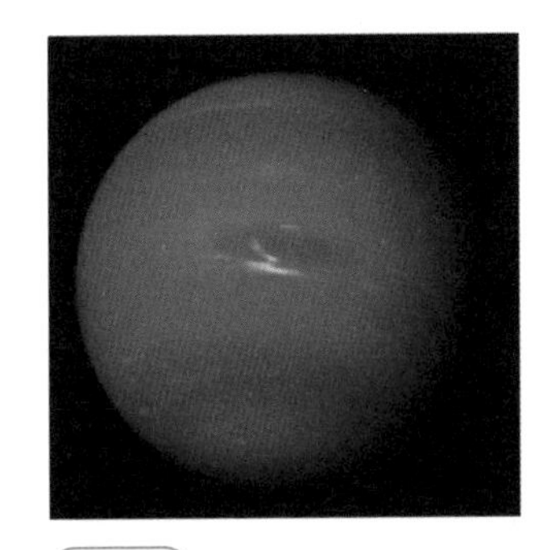

해왕성

1989년에 보이저 2호가 촬영한 해왕성

달뿐만이 아니다! 잇달아 발견된 위성들

--------- 행성과 왜행성, 소행성 주위를 공전하는 자연 그대로의 천체를 위성이라고 합니다. 단, 행성의 고리를 구성하는 얼음이나 암석 같은 작은 천체는 위성에 포함하지 않습니다. 태양계 행성을 예로 들어 자세하게 설명하겠습니다.

달은 지구의 유일한 위성입니다. 지구 외의 행성에서 처음 발견된 위성은 목성을 도는 4개의 갈릴레이 위성(이오, 유로파, 가니메데, 칼리스토)입니다. 이 중 이오에서는 활발한 화산 활동이 확인되었습니다. 유로파는 지하에 액체 상태의 물이 존재한다고 여겨지며, 거기에 생명이 존재할 가능성도 있다고 합니다.

관측 기술의 발달과 함께 태양계 행성 외의 위성도 잇달아 발견되고 있습니다. 많은 위성은 모행성의 자전에 따라 적도면 위를 공전하지만, 목성, 토성, 해왕성의 위성 중에는 궤도를 역행하는 것도 발견되었습니다. 비교적 큰 위성은 암석이나 금속을 많이 함유하는 반면 소행성은 주로 얼음으로 이루어져 있습니다.

수성과 금성에는 위성이 없고 화성에는 두 개의 작은 위성이 있습니다. 목성, 토성, 천왕성, 해왕성에는 많은 위성이 있는데, 그중에서도 목성과 토성에는 각각 약 80~90개 이상의 위성이 확인되었습니다.

행성의 위성

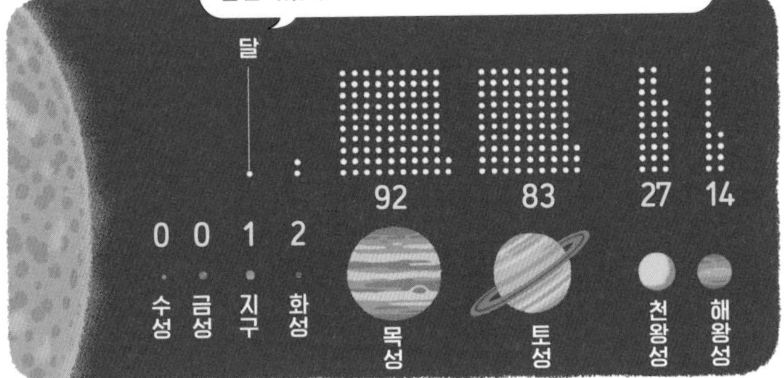

태양계의 주요 위성

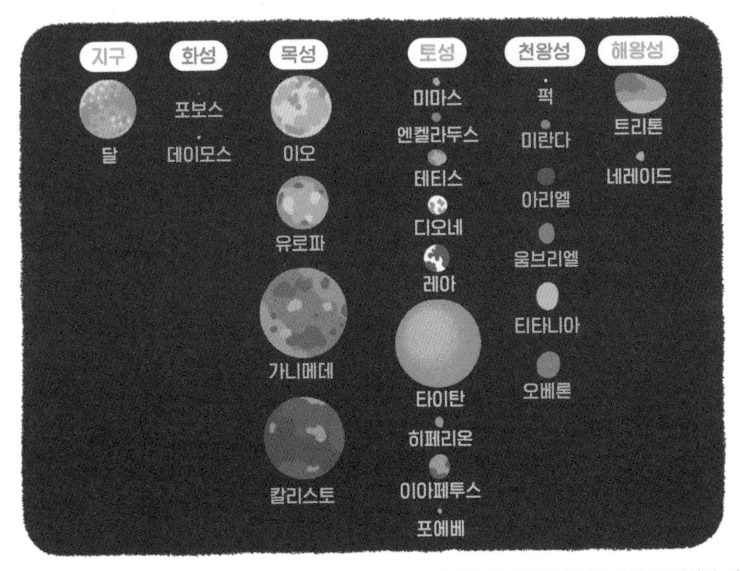

태양계 주요 위성의 크기를 비교한 모습. 질량과 크기가 모두 가장 큰 위성은 목성을 도는 가니메데이며, 지름은 5,000km 정도다. 참고로 달의 지름은 약 3,500km다.

태양이 가려지는 일식과 달이 가려지는 월식

--------- 태양과 지구와 달의 위치 관계에 따라 지구에서 보이는 태양과 달의 모습은 크게 달라집니다. 이 중 가장 유명한 것이 태양이 달 뒤로 숨는 일식과 달이 지구 뒤로 숨는 월식입니다. 완전하게 숨을 때를 본영, 부분적으로 숨을 때를 반영이라고 합니다.

일식은 달이 초승달일 때 일어나지만, 달과 지구 궤도면은 약 5도 기울어져 있으므로 태양, 지구, 달이 일직선상에 놓여서 일식이 생기는 것은 1년에 2, 3회 정도입니다. 달은 지구 주위를, 지구는 태양 주위를 타원 궤도로 돌기 때문에 겉보기 크기는 항상 변합니다.

달의 겉보기 크기가 태양보다 큰 경우에는 본영일 때 태양이 달에 완전히 숨는 개기일식을 볼 수 있습니다. 반대로 태양의 겉보기 크기가 달보다 큰 경우에는 본영일 때 달의 바깥으로 태양이 삐져나와 가느다란 빛의 고리로 보이는 금환일식을 볼 수 있습니다. 반영일 때는 어느 경우라도 태양의 일부가 숨겨지는 부분일식을 볼 수 있습니다.

월식은 본영일 때 개기월식, 반영일 때 부분월식을 볼 수 있습니다. 개기월식에서 달은 완전히 사라지지 않고 붉게 빛납니다. 그 이유는 태양광 중에서 파장이 긴 붉은빛이 지구 가장자리 대기에서 굴절되어 달까지 돌아 들어가기 때문입니다.

일식

달이 태양을 가리는 현상을 일식이라고 한다. 태양, 달, 지구 순서로 일직선에 늘어서서 일식이 일어나는 것은 1년에 2, 3회 정도다.

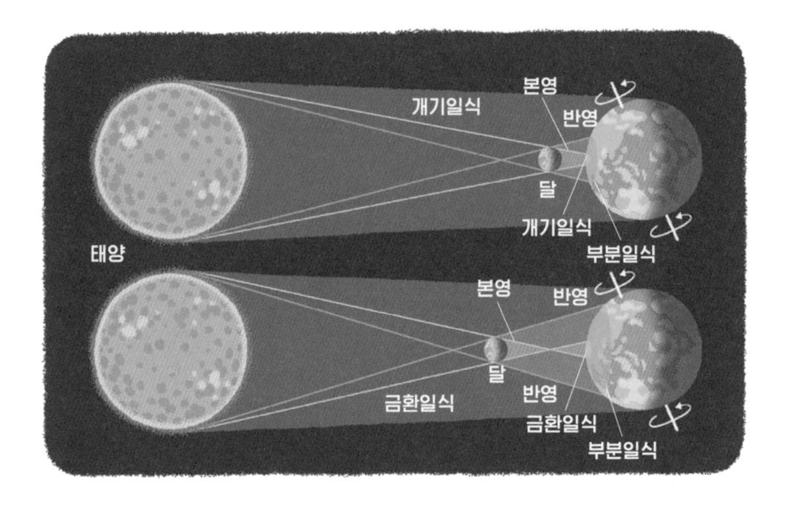

월식

달이 지구 뒤에 숨는 현상을 월식이라고 한다. 태양, 지구, 달 순서로 일직선에 늘어서서 월식이 일어나는 것은 1년에 1회 정도다.

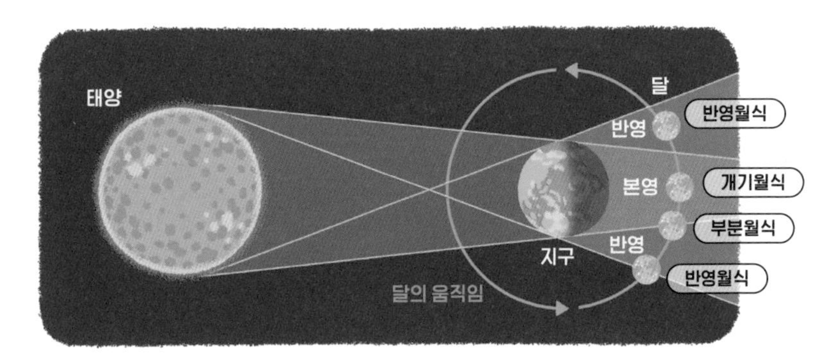

달의 중력은 조수간만의 차를 일으킨다

해수면의 높이가 약 12시간 주기로 변화하는 것을 바닷가에서 본 적이 있나요? 이런 현상을 조석(바닷물의 오르내림)이라고 합니다. 해수면이 가장 높아지는 때를 만조, 가장 낮아지는 때를 간조라고 하며 둘을 합쳐서 간만이라고 부릅니다.

조석은 달과 태양의 중력에 의해 일어납니다. 태양이 크고 무거우므로 달보다 큰 영향을 준다고 생각할 수 있지만, 달이 태양보다 지구에 훨씬 가까우므로 오히려 달의 영향이 태양보다 배는 더 큽니다.

지구와 달은 같은 무게중심으로 돌고 있지만, 이 공전으로 인해 지구에는 달과 반대 방향으로 원심력이 작용합니다. 공전의 원심력과 달로부터의 중력 차이가 조석을 일으킵니다.

지구에서 달과 멀리 떨어진 곳에서는 달의 중력보다 원심력의 영향이 크고, 달에 가까운 곳에서는 달의 중력 쪽 영향이 커집니다. 따라서 지구에서 달과 먼 곳과 가까운 곳이 만조가 되어 다른 곳보다 바닷물이 많이 모입니다.

태양과 지구와 달이 일직선이 되면 태양의 인력 효과도 더해져서 간만의 차가 특히 큰 대조(사리)가 됩니다. 태양과 지구와 달이 직각으로 늘어서면 태양과 달로부터의 인력 효과가 상쇄되어 간만의 차가 작은 소조(조금)가 됩니다.

조석

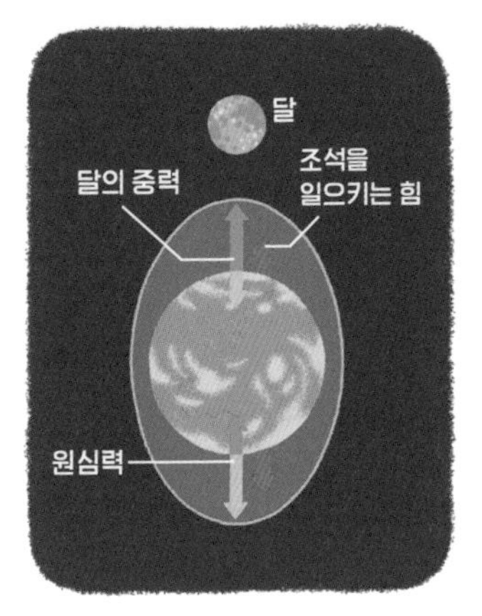

중력과 원심력의 차가 해수면의 간만을 일으킨다.

대조와 소조

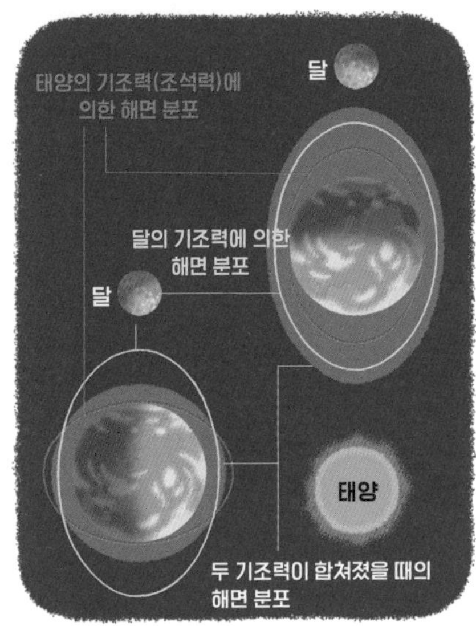

태양과 달에 의한 조석이 겹쳤을 때는 간만의 차가 큰 대조가 되며, 태양과 달의 위치가 90도 어긋나서 조석이 가장 크게 상쇄될 때는 간만의 차가 작은 소조가 된다.

만조와 간조

만조

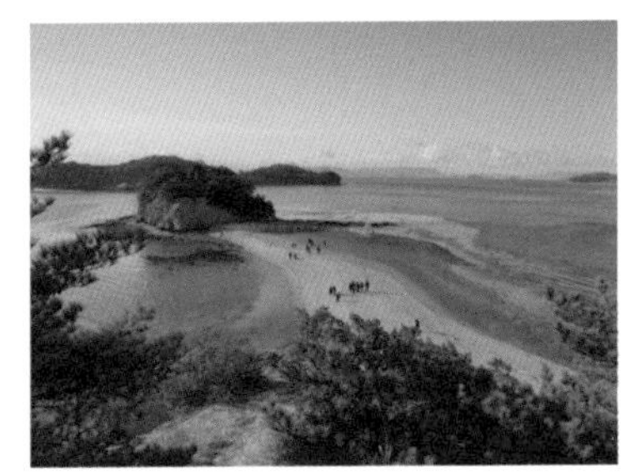

간조

일본에 있는 엔젤 로드의 간만. 바닷물의 오르내림에 의해 길이 나타나거나 사라진다.

유성이 빛나는 이유는 충격파 때문이다

밤하늘에 한순간 빛나는 선을 그리며 사라지는 유성을 본 적 있나요? 유성은 우주에서 찾아오는 작은 고체 천체가 가스 상태의 대기에 고속으로 돌입할 때 빛을 내는 현상으로, 별똥별이라고도 합니다. 유성은 밀도가 충분히 큰 대기를 가진 행성이나 위성이라면 어디에서나 일어나는 현상입니다.

여기서는 지구 대기 중에서 볼 수 있는 유성에 관해 설명하겠습니다. 유성의 근원인 행성 사이에 있는 고체 천체를 유성물질이라 합니다. 크기는 지름 30μm부터 1m 이하로 작습니다. 유성물질이 지구 중력에 의해 끌려와서 지구 대기에 초속 약 50km로 돌입하면, 충격파에 의해 유성물질과 대기가 가열되어 고온 상태인 플라스마가 발생합니다.

플라스마는 고체·액체·기체에 이은 물질의 네 번째 상태입니다. 온도가 상승하면 물질은 고체, 액체, 기체 순으로 변화합니다. 여기서 온도가 더 올라가면 기체 분자는 분리되어 원자가 되고, 원자에서 전자가 떨어져 나와 양이온과 전자로 나뉩니다. 이런 현상을 전리라고 하며, 전리로 생긴 전하 입자의 기체가 플라스마입니다. 플라스마는 불안정하므로 다시 원자핵과 전자가 묶여서 안정된 상태로 돌아가려 합니다. 이때 발생하는 빛이 유성의 정체입니다.

유성이 빛나는 이유

유성의 정체는 작은 물질이 지구 대기를 고속으로 이동하면서 생긴 플라스마가 다시 묶여 원래대로 돌아갈 때 발생하는 빛이다.

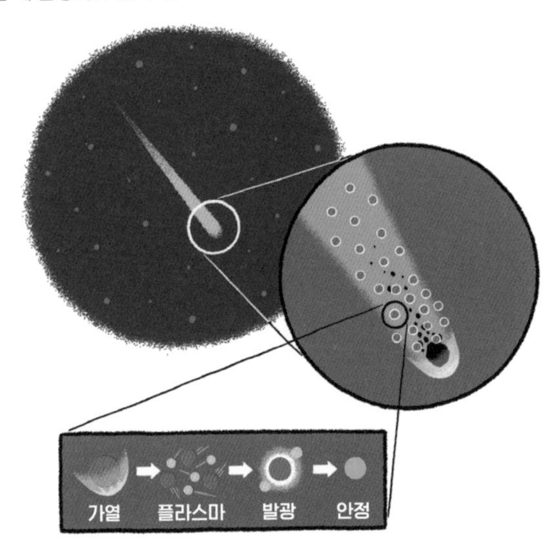

페르세우스자리 유성군

매년 일정하게 출현하는 유성의 무리를 유성군이라고 부르며 인기를 끌고 있다. 사진은 약 네 시간 동안 출현한 유성을 합성한 것이다.

지구 바깥에 다른 생명체는 존재할까?

-------- 우주를 연구한다고 하면 "외계인은 있나요?"라는 질문을 정말 끊임없이 받습니다. 그러나 현재까지 지구 외의 생명체가 발견되지 않았으므로 저 역시 모른다고밖에 답할 수 없습니다.

천문학에서는 지구와 닮은 생명체가 존재할 수 있는 영역을 생명 가능 지대(habitable zone)라고 합니다. 생명이 생식할 수 있는 영역에는 액체인 물이 존재해야 합니다. 그래서 충분한 대기압이 있는 천체의 표면에, 액체인 물이 안정적으로 존재할 수 있는 표면 온도인 0℃에서 100℃ 사이라는 조건을 만족하는 영역을 생명 가능 지대로 간주합니다.

일반적으로 생명 가능 지대는 항성 주위의 행성이나 위성을 대상으로 생각합니다. 생명 가능 지대에서 항성에 가까운 경계 부근에서는 대기의 온실효과로 수증기가 증발하고, 증발한 수증기의 온실효과로 온도가 더 상승합니다. 반대로 항성에서 먼 경계 부근에서는 물이 얼어붙어서 반사율이 높아지며, 그로 인해 항성에서 얻는 빛 에너지가 감소하므로 온도가 더 내려갑니다. 언젠가는 생명 가능 지대에 있는 천체에서 지구 외 생명체가 발견될 수도 있겠지요.

생명 가능 지대

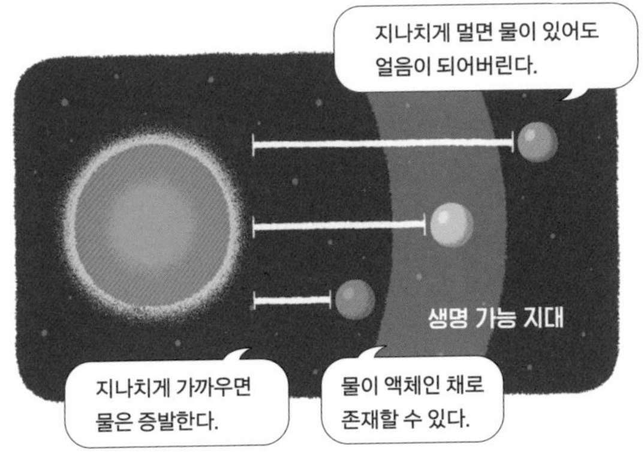

중심별의 질량과 생명 가능 지대

생명 가능 지대의 위치는 중심에 있는 항성의 질량에 따라 변화한다. 중심별의 질량이 클수록 생명 가능 지대는 멀어진다.

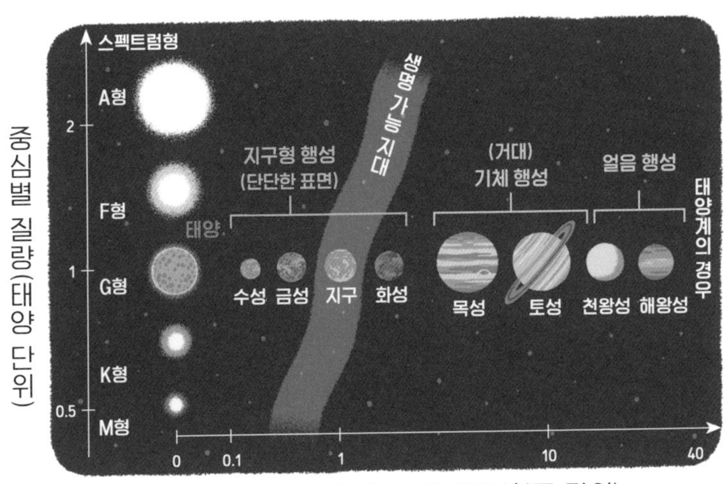

전 세계에 있는 우주 기관

-------- 우주를 이해하고, 우주공간을 활용하기 위해 우주선이나 인간을 우주공간에 보내는 활동을 우주개발이라고 합니다. 전 세계에서 우주개발을 시행하는 우주 기관과 연구자들의 활약으로 우리는 천체와 우주의 모습을 사진이나 동영상과 같은 데이터로 볼 수 있습니다.

JAXA(일본우주항공연구개발기구)는 2003년에 발족한 일본의 항공우주개발 정책을 주도하는 기관으로 '작사'라고 읽습니다. 우주와 지상 사이의 운반 로켓 개발과 운용, 인공위성과 탐사선으로 천체를 탐사하고, 국제우주정거장(ISS) 건설과 우주비행사 파견 등의 임무를 수행합니다. 한국은 1989년에 설립된 KARI(한국항공우주연구원), 2024년에 설립된 KASA(우주항공청)에서 우주를 연구하고 있습니다.

우주 기관 중 가장 유명한 NASA(미국항공우주국)는 1958년부터 미국의 우주개발을 주도한 기관입니다. 아폴로 계획으로 월면 착륙과 우주왕복선 스페이스 셔틀 운용 등의 임무를 수행해 왔습니다. 현재도 우주정거장 운용, 인공위성과 무인 탐사선으로 태양계 탐사와 태양계 외연부 탐사, 허블 우주망원경과 제임스 웹 우주망원경으로 우주 전체 관측 등의 임무를 수행합니다. 이외에도 세계 각국의 우주 기관과 연구자들이 우주개발을 진행하고 있습니다.

우주선

우주선이란 우주공간으로 날리는 비행체를 말한다. 목적과 수단에 따라 여러 종류가 있다.

천체 탐사	인공위성	유인우주선
지구 외 천체 탐사	지구 주위를 돈다	지구 밖에 있는 유인 시설
로제타	스푸트니크	국제우주정거장
아카츠키	히마와리	키보우
큐리오시티	테라	코노토리(보급선)
창어	다이치	

※ '천체 탐사'와 '인공위성'은 무인 우주선이다.

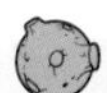

우주 기관

전 세계의 많은 우주 기관이 항상 경쟁·협력하며 우주개발을 진행하고, 우주공간을 활용하거나 우주의 모습을 밝히고 있다.

A 캐나다우주국 (CSA)
B 미국항공우주국 (NASA)
C 유럽우주국 (ESA) / 프랑스 국립 우주센터 (CNES)
D 영국우주국 (UKSA)
E 이탈리아 우주청 (ASI)
F 독일항공우주센터 (DLR)
G 러시아 연방우주청 (ROSCOSMOS)
H 인도우주연구기구 (ISRO)
I 중국국가항천국 (CNSA)
J 일본우주항공연구개발기구 (JAXA)
K 대한민국 우주항공청 (KASA)

마치며

-------- 잠시 일상을 떠나 우주 물리 세계로 향한 여정은 즐거웠나요? 우주 물리는 크게 '중력', '우주론', '천체물리' 분야로 이루어져 있습니다. 그 안에 더 세세한 분야가 많습니다. 이 책에서는 가능한 한 우주 물리에 관해 골고루 설명했는데, 여러분은 어떤 분야가 가장 재미있었나요? 어려워서 이해하지 못한 부분이 있었을지도 모르겠습니다. 하지만 절망할 필요는 없습니다. 모르는 것은 부끄러운 일이 아닙니다.

책에서 설명한 것처럼 우주에는 아직도 모르는 것이 잔뜩 있습니다. 뭐든 다 아는 것처럼 보이는 학자도 멋진 얼굴 뒤에서 열심히 고민하고 있습니다. 뭐든지 바로 이해하는 사람은 없습니다. 우리가 할 수 있는 일은 이해하고 싶은 부분을 직접 생각해 보고, 다른 사람과 이야기하며 배우기를 즐기는 것뿐입니다. 이 책을 읽고 탐구심을 자극받은 여러분이 언젠가 전 세계에서 아무도 답을 모르는 우주의 수수께끼를 풀어줄 것을 기대하겠습니다.

찾아보기

ㅎ

참고 문헌·웹사이트

- 일본우주항공연구개발기구 'JAXA' https://www.jaxa.jp/
- 미국항공우주국 'NASA' https://www.nasa.gov/
- 일본 국립천문대 https://www.nao.ac.jp/
- 공익사단법인 일본천문학회 '천문학 사전' https://astro-dic.jp
- 우주에 관한 질문 상자
  https://www.kahaku.go.jp/exhibitions/vm/resource/tenmon/space/
- HiggsTan https://higgstan.com

- 《14세부터 그림으로 이해하는 시리즈. 우주의 시작》 뉴턴프레스 지음
  (원서:《14歳からのニュートン超繪解本 宇宙のはじまり》)
- 《14세부터 그림으로 이해하는 시리즈. 초끈 이론》 뉴턴프레스 지음
  (원서:《14歳からのニュートン超繪解本 超ひも理論》)
- 《General Relativity》 Robert M. Wald 지음 (University of Chicago Press)
- 《Gravity: Newtonian, Post-Newtonian, Relativistic》 Eric Poisson, Clifford M. Will 지음 (Cambridge University Press)
- 《The Large Scale Structure of Space-Time》 S. W. Hawking 지음
  (Cambridge University Press)
- 《그림으로 이해하는 최강 재미! 우주의 끝》 뉴턴프레스 지음
  (원서:《ニュートン式 超圖解 最强に面白い!! 宇宙の終わり》)
- 《기초강좌 물리학 상대성 이론》 다나카 다카히로 지음
  (원서:《基幹講座 物理學 相對論》)
- 《부자연스런 우주. 우주는 하나뿐인가?》 스토 야스시 지음
  (원서:《不自然な宇宙 宇宙はひとつだけなのか?》)
- 《수식이 필요 없다! 보이는 상대성 이론》 다케우치 켄 지음
  (원서:《數式いらず!見える相對性理論》)
- 《신판 우주》 고단샤 편집, 와타다베 준이치 감수
  (원서:《宇宙 新訂版 (講談社の動く圖鑑MOVE)》)
- 《우주론 물리》 마츠바라 다카히코 지음 (원서:《宇宙論の物理 上下》)
- 《인류가 사는 우주 제2판》 오카무라 사다노리, 이케우치 사토루, 가이후 노리오, 사토 가츠히코, 나가하라 히로코 지음 (원서:《人類の住む宇宙 第2版 (シリーズ現代の天文學 第1巻)》)
- 《일러스트&도해 지식이 없어도 즐겁게 읽는다! 우주의 구조》 마츠바라 다카히코 지음
  (원서:《イラスト&圖解知識ゼロでも樂しく讀める!宇宙のしくみ》)

- **《장의 양자론: 불변성과 자유장을 중심으로》** 사카모토 마코토 지음
  (원서:《場の量子論: 不變性と自由場を中心にして》)
- **《제로부터 이해하는 상대성 이론. 이 책 한 권으로 상대성 이론을 잘 알 수 있다! 개정 2판》**
  뉴턴프레스 지음 (원서:《ゼロからわかる相對性理論 この1冊で相對性理論がよくわかる! 改訂第2版》)
- **《제2판 슈츠 상대성 이론 입문 1 특수상대성 이론, 2 일반상대성 이론》** Bernard Schutz 지음
  (원서:《第2版 シュッツ相對論入門 I 特殊相對論, II 一般相對論》)
- **《중력파란 무엇인가? '시공간의 잔물결'이 여는 새로운 우주론》** 안도 마사키 지음
  (원서:《重力波とはなにか「時空のさざなみ」が拓く新たな宇宙論》)
- **《최신 우주 대도감 220 우주를 잘 알 수 있는 최신 중요 키워드 220》** 뉴턴프레스 지음
  (원서:《最新宇宙大圖鑑220 宇宙のことがよくわかる最新重要キ-ワ-ド220》)

※위 도서들은 한국어판 미출간

사진 출처

- Pablo Carlos Budassi (14쪽, 137쪽)
- 효고현립대학교 서하리마 천문대 사이토 도모키 (37쪽 위)
- 테크노AO 아시아 (59쪽 위)
- H2NCH2COOH (61쪽 위)
- Osanshouo (61쪽 아래)
- 다케우치 켄 (63쪽 아래)
- NASA (71쪽 오른쪽 아래, 79쪽 위, 79쪽 아래 오른쪽 1, 2, 4번째, 91쪽 위, 151쪽 가운데, 172쪽 오른쪽, 172쪽 왼쪽 위, 173쪽 왼쪽)
- LIGO (79쪽 아래 오른쪽부터 세 번째)
- Ute Kraus, Physics education group Kraus, Universität Hildesheim, Space Time Travel, (background image of the milky way: Axel Mellinger) – Gallery of Space Time Travel (83쪽 아래)
- EHT Collaboration (89쪽 아래)
- 정승명, 오무카이 가즈유키 (91쪽 아래)
- America, Volume 15, Issue 3, pp. 168–173 (107쪽 아래)
- ESA and the Planck Collaboration (111쪽 오른쪽 아래)
- NASA / COBE (121쪽 위)

- Daniel Baumann (121쪽 아래)
- Andrew Z. Colvin (137쪽)
- ESO (139쪽 오른쪽 아래)
- Rogelio Bernal Andreo (193쪽 왼쪽 아래)
- Planetkid32 (143쪽 왼쪽 아래)
- Chris Laurel (143쪽 오른쪽 아래)
- NASA, ESA, the Hubble Heritage Team (STScI / AURA) – ESA / Hubble Collaboration and H. Bond (STScI and Pennsylvania State University) (145쪽 아래)
- NASA / ESA / JHU / R.Sankrit & W.Blair (147쪽 아래)
- Hubble 1929, Proceedings of the Naitonal Academy of Sciences of the United States of NASA, ESA, CSA, STScI; J. DePasquale, A. Koekemoer, A. Pagan (STScI) (153쪽 가운데)
- AAO / Malin (155쪽 왼쪽 위)
- John Kormendy, University of Texas at Austin (155쪽 왼쪽 아래)
- NASA / JPL-Caltech / R. Hurt (SSC-Caltech) (159쪽 왼쪽 위)
- Sloan Digital Sky Survey (163쪽 위)
- Andrew Pontzen and Fabio Governato – Andrew Pontzen and Hiranya Peiris (163쪽 아래)
- Kevin M. Gill (170쪽 아래), ESA & MPS for OSIRIS Team MPS / UPD / LAM / IAA / RSSD / INTA / UPM / DASP / IDA (171쪽 왼쪽)
- NASA / Johns Hopkins University Applied Physics Laboratory / Carnegie (171쪽 오른쪽)
- NASA / JHUAPL / CIW / color composite by Gordan Ugarkovic (171쪽 왼쪽)
- Justin Cowart - Tharsis and Valles Marineris – Mars Orbiter Mission (171쪽 왼쪽)
- NAOJ (181쪽 아래)

SPECIAL THANKS
아모 마사야, Jimmy Aames, 에노모토 요스케, 오미야 히데토시, 기누가와 도모야, 규토쿠 고타로, 기유나 마사키, 스즈구치 도모야, 세토 나오키, 다카하시 다쿠야, 나카무라 노리히토, 마츠코바 료키, 마니타 유스케, 다케다 시오리

옮긴이 전종훈

서울대학교와 일본 도쿄대학교에서 전자공학을 공부하고 북유럽에서 디자인을 공부했다. 산업 디자이너로 활동하며 엔터스코리아에서 일본어 전문 번역가로 활동하고 있다. 옮긴 책으로는 《직감하는 양자역학》, 《양자야 이것도 네가 한 일이니》, 《비행기 역학 교과서》, 《청소년을 위한 인공지능 해부도감》, 《로봇의 세계》 외 다수가 있다.

읽자마자 우주의 구조가 보이는 우주물리학 사전

1판 1쇄 펴낸 날 2024년 7월 10일

지은이 다케다 히로키
옮긴이 전종훈
주간 안채원
책임편집 윤성하
편집 윤대호, 채선희, 장서진
디자인 김수인, 이예은
마케팅 함정윤, 김희진

펴낸이 박윤태
펴낸곳 보누스
등록 2001년 8월 17일 제313-2002-179호
주소 서울시 마포구 동교로12안길 31 보누스 4층
전화 02-333-3114
팩스 02-3143-3254
이메일 bonus@bonusbook.co.kr

ISBN 978-89-6494-704-3 03440

• 책값은 뒤표지에 있습니다.

읽자마자 시리즈

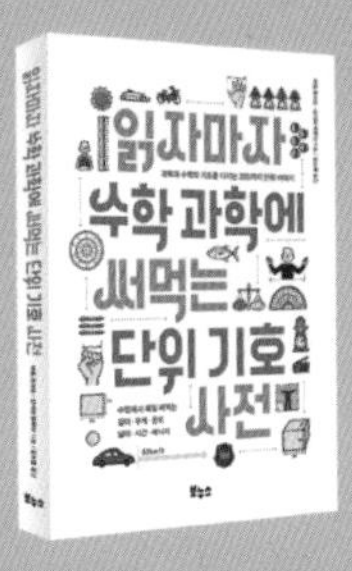

읽자마자 수학 과학에 써먹는 단위 기호 사전

이토 유키오 · 산가와 하루미 지음 | 208면

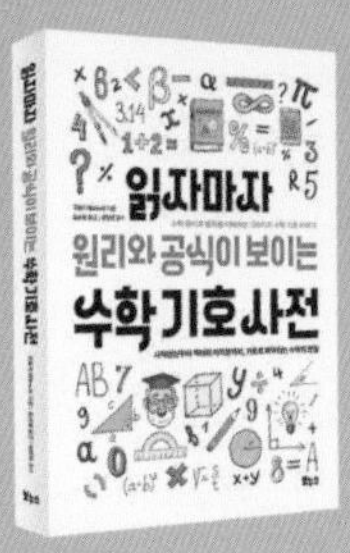

읽자마자 원리와 공식이 보이는 수학 기호 사전

구로기 데쓰노리 지음 | 312면

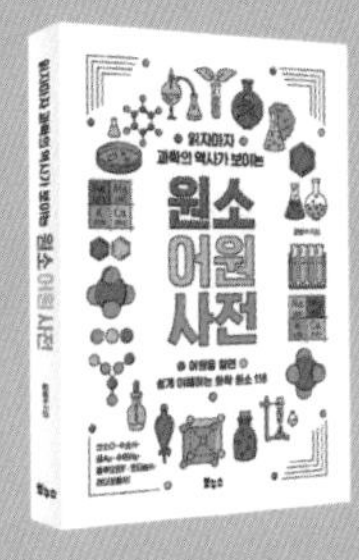

읽자마자 과학의 역사가 보이는 원소 어원 사전

김성수 지음 | 224면

읽자마자 문해력 천재가 되는 우리말 어휘 사전

박혜경 지음 | 256면

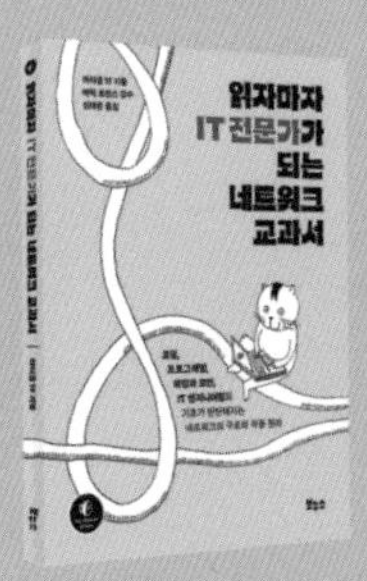

읽자마자 IT 전문가가 되는 네트워크 교과서

아티클 19 지음 | 176면

읽자마자 우주의 구조가 보이는 우주물리학 사전

다케다 히로키 지음 | 194면